普通高等学校"十四五"规划数字装配式建筑系列教材

BUILDIPRO 薄壁轻钢
房屋结构深化设计基础

主编◎ 郭保生　强海龙（学校）　　主审◎ 覃民武　黄　珏（学校）
　　　 张　涛　吴鑫文（企业）　　　　　 杨海鑫　何永康（企业）

华中科技大学出版社
中国·武汉

图书在版编目(CIP)数据

BUILDIPRO 薄壁轻钢房屋结构深化设计基础/郭保生等主编. —武汉:华中科技大学出版社,2024.6
ISBN 978-7-5680-9879-3

Ⅰ. ①B… Ⅱ. ①郭… Ⅲ. ①轻型钢结构-房屋结构-计算机辅助设计 Ⅳ. ①TU22-39

中国国家版本馆 CIP 数据核字(2023)第 174036 号

BUILDIPRO 薄壁轻钢房屋结构深化设计基础
BUILDIPRO Baobi Qinggang Fangwu Jiegou Shenhua Sheji Jichu

郭保生　强海龙
张　涛　吴鑫文　主编

策划编辑:胡天金
责任编辑:陈　骏
封面设计:旗语书装
责任监印:朱　玢
出版发行:华中科技大学出版社(中国·武汉)　　电话:(027)81321913
　　　　　武汉市东湖新技术开发区华工科技园　　邮编:430223
录　　排:华中科技大学惠友文印中心
印　　刷:武汉市洪林印务有限公司
开　　本:787mm×1092mm　1/16
印　　张:10.75
字　　数:255 千字
版　　次:2024 年 6 月第 1 版第 1 次印刷
定　　价:98.00 元(含培训手册)

前　言

建筑业是一个国家的支柱产业,在中国的工业发展中占有重要地位。建筑业从 2015 年后借助数字化、智能化的工具朝着智能建造的方向悄然转型,装配式建筑成为新建筑的主流,这是一场建筑行业工业化的伟大变革,也是建筑行业的历史机遇。

在装配式建筑的三种结构形式里,钢结构建筑的工业化率最高,未来的发展潜力最大。在钢结构的建筑体系中,冷弯钢体系由于取材便利、生产成本低、数字化程度高的特点,逐渐被广泛应用,逐渐成为钢结构建筑体系的主流形式。

国内冷弯钢结构建筑的设计软件和生产设备早期都依赖进口,发展极为缓慢。2011 年,冷弯薄壁型钢住宅规范发布。2015 年,钢结构建筑高速发展,同时也带来了设计软件的发展需求,BUILDIPRO 就是在这个阶段中诞生的。它是目前国内唯一一款自主开发的、基于 BIM 的三维参数化钢结构房屋设计软件。BUILDIPRO 以实现三维自动化设计为核心,能快速创建冷弯钢三维模型(包括 CC 结构、CU 结构以及重钢结构等),具有快速绘制建筑模型、一键自动生成龙骨、一键自动生成工程图、一键自动生成 CNC 代码和材料清单等功能,是轻钢建筑技术人员实现参数化设计、智能制造必不可少的软件工具。

BUILDIPRO 软件从开发到现在已有 7 年,它是众多专业人员知识的结晶。在开发过程中它多次陷于困难而停滞,在用户与诸多爱好者的支持下才得以发展。现在 BUILDIPRO 不仅实现了轻钢深化设计软件对国外同类软件的替代,也实现了众多设计师对深化要求的期望。在本书出版之际,对所有支持过我们的家人、朋友、用户、爱好者表示衷心感谢!

本书由郭保生、强海龙、张涛、吴鑫文主编;覃民武、黄珏、杨海鑫、何永康主审;前言、第 1 章由郭保生、张涛编写,第 2 章由强海龙、杨海鑫编写,第 3 章由吴鑫文、黄珏编写,第 4 章由覃民武、刘志文、余工琴编写,第 5 章由袁富贵、李文童、鄢娟编写,第 6 章由丁斌、颜雨晨编写,第 7 章由唐小芳、李智、许善文编写,第 8 章由藏进、梁鑫、袁谱编写,第 9 章由郭娟、张静、夏晶锋编写,第 10 章由陈晓旭、汪星、赵利兴编写。

广东白云学院的学生林铁虹、冯骏杰、戎炯滇、潘海龙、林嘉诚、龙晓铭、唐海峰、冯坤霖、涂文俊、卢彪负责全书的图文收集和整理工作。

编　者

2024 年 1 月 30 日

目　　录

第1章 绪　　言

1.1　BUILDIPRO 软件功能

本设计基础为用户使用 BUILDIPRO 软件而编写,希望能帮助用户高效完成设计工作。

本设计基础主要介绍了软件各功能模块使用方法。

BUILDIPRO 设计软件是在建筑设计师已完成的建筑模型上使用的一款快速生成结构部件的软件,主要分为墙体骨架生成、楼板桁架生成、屋顶桁架生成、屋面骨架生成、楼梯生成、骨架构件 NC 数据输出及加工装配工程图生成、小工具、结构计算等功能模块。

1.2　BUILDIPRO 软件特点

BUILDIPRO 软件的主要特点如下。

BUILDIPRO 简称 BP,BP 是基于 Revit 开发针对轻钢建筑的深化设计软件,目前已升级至 3.1 版本,BP 软件需要结合 Revit 软件同时使用。Revit 是面向 BIM 的三维设计软件,功能强大,但如果单纯使用 Revit 费时费力;BP 可以集成大量的快捷工具,让用户只需要少量的 Revit 基础经验即可轻松上手完成复杂的轻钢结构深化设计。

BUILDIPRO 软件对于房屋各部分进行预处理后,能快速生成墙体、楼盖、楼梯、屋架和檩条等骨架部件,提升设计效率;能一键输出总装图及拼装图,跳过设计者机械式的画图步骤,自动生成建筑三维建筑信息模型(BIM);能一键输出生产数据,同时支持国内主要薄壁轻钢生产设备的生产,如 LG89、LG140、MF300、2019T 等龙骨生产;能够使建筑设计、结构设计、水暖电器设计等实现跨平台高效协同;能够在材料清单中体现骨架材料、围护材料、连接件材料等内容,减轻成本预算的工作量。

BUILDIPRO 是在 Revit 基础上的二次开发,它在 Revit 的基础上才能运行,无法单独使用。

1.3 Revit 基本介绍

Revit 是 Autodesk 公司推出的一款三维模型设计软件,该软件能帮助建筑设计人员很好地构建建筑信息模型,通过建立模型,预估可能发生的情况,减少错误和浪费,从而建造和维护质量更好、能效更高的建筑。这款软件支持多种设计,包括建筑设计、电气和给排水(MEP)工程设计和结构工程设计。

1.3.1 Revit 基本界面

(1)启动 Revit 软件,进入 Revit 的启动界面,如图 1-1 所示。

图 1-1

(2)打开样板或新建一个项目,即可进入 Revit 的操作界面,如图 1-2 所示。Revit 操作界面主要包含应用程序菜单、快速访问工具栏、功能区菜单栏、功能区、绘图区等。

(3)点击主界面左上角的应用程序菜单,该菜单和多数软件的菜单类似,有【新建】、【打开】、【保存】、【另存为】、【导出】等常用文件操作命令,如图 1-3 所示。应用程序菜单的右侧会列出最近使用的文档,方便用户快速打开近期使用的文档。

(4)点击应用程序菜单右下方的【选项】按钮,软件将打开【选项】对话框,可以对 Revit 的相应参数进行设置,如图 1-4 所示。

(5)Revit 操作界面的应用程序菜单的右侧有一排工具图标(即快速访问工具栏),可以直接点击相应的工具图标进行命令操作。用户可以自定义快速访问工具栏或是变换快速访问工具栏的位置,如图 1-5 所示。

(6)快速访问工具栏下方为功能区,是创建整个建筑项目的所有工具合集。点击功能

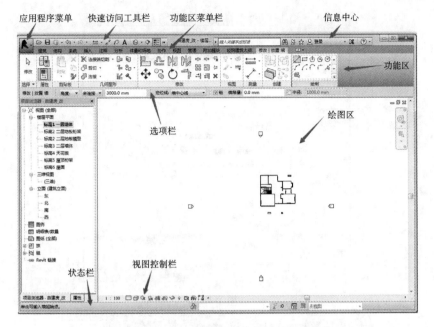

应用程序菜单 快速访问工具栏 功能区菜单栏 信息中心

功能区

选项栏 绘图区

状态栏 视图控制栏

图 1-2

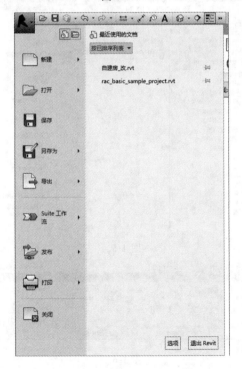

图 1-3

区右侧的下拉工具按钮,可以设置功能区的不同状态,如图 1-6 所示。

(7)视图控制栏、状态栏都在 Revit 操作界面的下方。访问视图控制栏可以快速设置当前视图的显示样式、比例、隐藏对象等。状态栏主要显示操作命令的步骤提示及当前的操作状态,如图 1-7 所示。

图 1-4

图 1-5

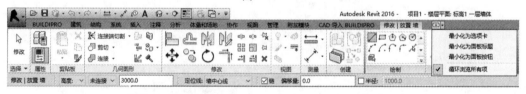

图 1-6

图 1-7

1.3.2　Revit 视图控制工具

视图控制是 Revit 的基础功能之一。视图控制工具有视图菜单、项目浏览器、视图导航栏、视图控制栏和属性栏等。

1. 视图菜单

视图菜单是功能区菜单栏下的一个子选项，包括图形、创建、图纸组合、窗口等子项，如图 1-8 所示。

图 1-8

打开项目浏览器的方法是在"视图"菜单的界面右方点击"用户界面"，在出现的下拉框中勾选"项目浏览器"就可以打开项目浏览器。如图 1-9 所示。

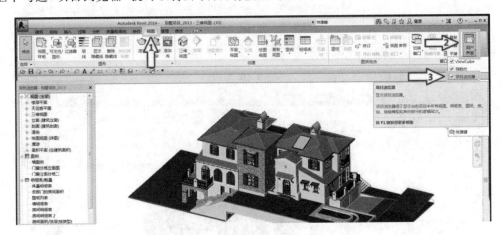

图 1-9

2. 项目浏览器

项目浏览器用于组织和管理当前项目中的所有信息，包括所有视图、图例、明细表、数量、图纸、族、组等。

项目浏览器常用于不同视图之间进行切换，可以双击"项目浏览器"中的视图名称来实现视图切换，如图 1-10 所示。

鼠标左键选中项目浏览器的顶部，按住鼠标左键不动并移动鼠标光标，可以将项目浏览器移动到任意位置。如图 1-11 所示。

3. 视图导航栏

视图导航栏位于绘图区的右上方，主要由"控制盘"和"区域放大"组成，默认情况下为半透明显示，如图 1-12 所示。

图 1-10

图 1-11

图 1-12

4. 视图控制栏

视图控制栏位于绘图区的左下方,主要用于控制视图的显示状态,其中的视觉样式是常用的操作工具之一,如图 1-13 所示。

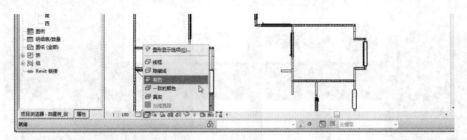

图 1-13

5. 属性栏

属性栏包含构件的名称、类型、定位线、高度、厚度等信息。如图 1-14 所示。

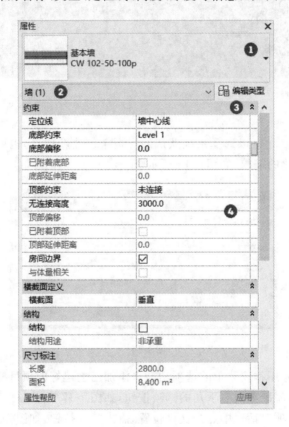

图 1-14

1.3.3 Revit 的项目模板

Revit 的项目模板也称为项目样板,是新建项目时选择的参考模板,如图 1-15 所示为

Revit 提供的项目样板。

图 1-15

用户在新建项目时可以选择系统默认的样板来创建新项目,也可以选择创建新的样板来满足个人定制化的需求,如图 1-16 所示。

图 1-16

用户可以通过应用程序菜单的选项功能来添加已创建好的项目样板,具体操作如下。

(1)点击应用程序菜单内右下角的选项按钮,如图 1-17 所示。

(2)在弹出的选项对话框中点击文件位置,点击"+"按钮,如图 1-18 所示。

(3)在弹出的浏览样板文件对话框中选择已建好样板文件的保存路径,打开样板文件,如图 1-19 所示。

(4)点击 ↑ 或 ↓ 按钮可调整样板的顺序,如图 1-20 所示。

(5)点击确定按钮后退出,样板添加完成,如图 1-21 所示。

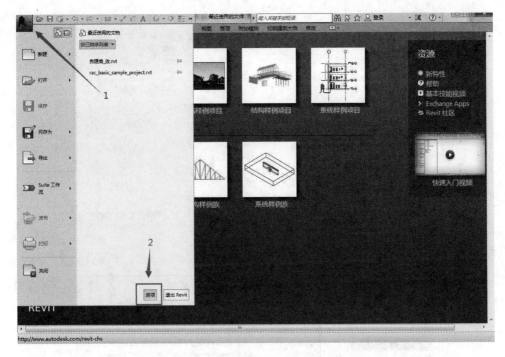

图 1-17

图 1-18

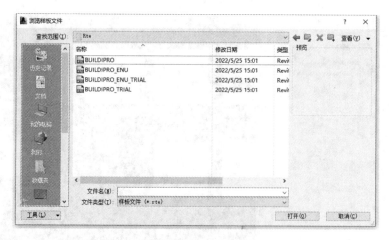

图 1-19

图 1-20

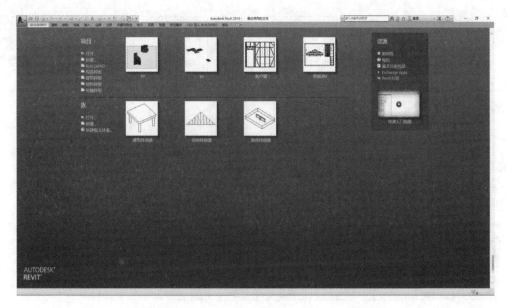

图 1-21

1.3.4　Revit 项目文件

Revit 新建项目后并不会有任何文件生成，只有保存一次以后才会生成".rvt"格式的文件，文件的保存位置可以自定义。新建项目后，需要进行相应的项目设置，可以在管理菜单中通过相应的操作来完成，如图 1-22 所示。

图 1-22

1.3.5　Revit 常用图元操作指令

建筑操作指令如图 1-23 所示。
BUILDIPRO 操作指令如图 1-24 所示。
修改指令如图 1-25 所示。

1.3.6　Revit 常用快捷键

Revit 常用快捷键如图 1-26 所示。
读者如想学习更多关于 Revit 的使用技巧，请查阅《Revit 2020 中文版从入门到精通》《Revit 建模零基础快速入门简易教程》《Revit 建模基础与实战教程》等教学教材。

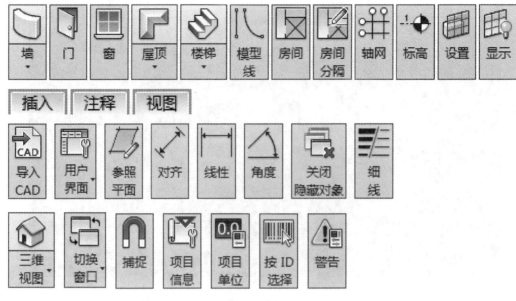

图 1-23

图 1-24

图 1-25

序号	命令	快捷键	序号	命令	快捷键
1.	全局缩放	双击鼠标滚轮	21.	线条	LI
2.	墙	WA	22.	房间	RM
3.	窗	WN	23.	保存	Ctrl+S
4.	门	DR	24.	撤回	Ctrl+Z
5.	拆分图元	SL	25.	取消撤回	Ctrl+Y
6.	解除锁定	UP	26.	临时隐藏	HI
7.	锁定	PN	27.	恢复临时隐藏	HR
8.	标注	DI	28.	隐藏	EH
9.	缩放	RE	29.	取消隐藏	EU
10.	移动	MV	30.	创建组	GP
11.	复制	CO	31.	解组	UG
12.	旋转	RO	32.	选择框	BX
13.	偏移	OF	33.	临时隐藏同类别	HC
14.	阵列	AR	34.	临时隔离类别	IC
15.	镜像	MM	35.	显示隐藏图元	RH
16.	对齐	AL	36.	转角连接	TR
17.	删除	DE	37.	参照平面	RP
18.	属性	PP	38.	细线显示模式	TL
19.	隐藏	EH	39.	文字	TX
20.	取消隐藏	EU	40.	选择全部实例	SA

图 1-26

第2章　BUILDIPRO 基础知识

2.1　软件运行环境

2.1.1　硬件

计算机主频:CPU 主频 2.0G 及以上。

内存:4G 以上。

硬盘:50G 以上。

显卡:独立显卡。

2.1.2　软件

软件平台:Revit 各版本。

操作系统:Windows 7 及以上。

2.2　轻钢结构建筑构造组成

轻钢结构建筑是以冷弯薄壁型钢为基本结构骨架,以新型结构板材为结构体系,配以其他保温、防水、装饰材料,经工厂集成生产和现场装配而成的建筑体系。该系统采用冷弯薄壁型钢结构体系,具有截面尺寸小、自重轻等特点,比传统建筑的使用面积提高5%～10%,显著降低了基础造价。轻钢结构建筑采用了独特的墙体承重体系,使建筑造型更为丰富,提高了室内布局的灵活性,结构更安全,具有良好的抗震、防火、热工、隔声性能。

读者如想深入了解轻钢结构的理论知识,请查阅《低层冷弯薄壁型钢房屋建筑技术规程》(JGJ 227—2011)、《冷弯薄壁型钢多层住宅技术标准》(JGJ/T 421—2018)、《钢结构住宅(一)》(05J910—1)等国家相关规范。

2.2.1　构造组成

轻钢结构建筑的主要结构体系是轻钢骨架结构体系,主要适用于中低层住宅建筑或别墅建筑。轻钢骨架结构体系大致可分为两类:一类为以冷弯薄壁 C 形、U 形和 Ω 形等冷弯型钢组成的骨架体系;另一类为以小型热轧型钢组成的骨架结构体系。轻钢骨架结构体系一般由轻钢柱骨架、轻钢梁骨架、楼面桁架、屋面桁架及加强骨架等组成,轻钢骨架结构体系通过配套扣件和加劲件用自攻螺钉连接而成。该体系主要采用的是 Q235 及 Q345 薄壁轻钢材料,材料厚度为 0.8～3 mm,屈服强度 300～550 MPa。薄壁轻钢材料表面热镀铝、锌、镁,含量为 275 g/m² ,寿命可达到 100 年左右。其中轻钢梁骨架、柱骨架构件厚度在 1～3 mm,柱子间距为 400～600 mm。其主要受力机理为:柱子与上下骨架组成墙体结构墙体系,在结构墙体系中可以增加支撑或结构板;竖向力传递路径由楼面骨架梁传至结构墙面系统的大骨架,再通过柱子骨架传至基础;水平力传递路径由楼板桁架传至受力墙面桁架再传至基础。在传力过程中,墙面体系承受了一定的剪力,同时在形变方面也提供了必要的刚度支撑。

轻钢结构建筑包括由基础系统、墙体系统、楼面系统、屋面系统,如图 2-1 所示。

图 2-1

基础系统常用形式有条形基础、独立基础、筏形基础、桩基础等,如图 2-2 所示。

轻钢结构建筑主体自重轻,仅为砖混结构建筑的五分之一左右,是钢筋混凝土结构建筑的八分之一左右,因此可大大降低基础建造成本。轻钢结构建筑基础一般以条形基础为主。

轻钢结构建筑承重构件按照钢结构组成又可以分为墙面桁架、楼面桁架、屋架桁架、屋面板框架、天花板框架等,如图 2-3 所示。

轻钢结构建筑的墙体、楼面、屋面的具体构造组成如下。

(1)墙体一般由轻钢骨架、OSB 板或水泥压力板、防潮透气膜、保温隔音棉、保温板、水泥纤维挂板等构成。如图 2-4 所示。

(a) 条形基础

(b) 独立基础

(c) 筏板基础

(d) 桩基础

图 2-2

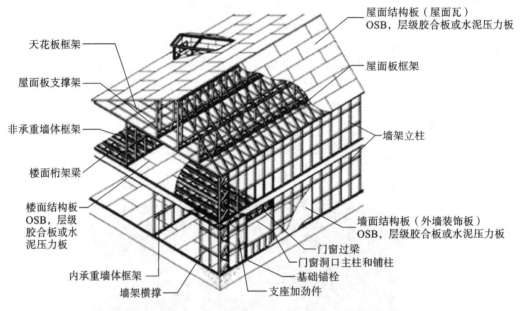

天花板框架
屋面板支撑架
非承重墙体框架
楼面桁架梁
楼面结构板
OSB，层级
胶合板或水
泥压力板
内承重墙体框架
墙架横撑

屋面结构板（屋面瓦）
OSB，层级胶合板或水泥压力板
屋面板框架
墙架立柱
墙面结构板（外墙装饰板）
OSB，层级胶合板或水泥压力板
门窗过梁
门窗洞口主柱和铺柱
基础锚栓
支座加劲件

图 2-3

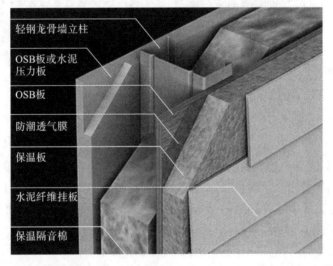

轻钢龙骨墙立柱
OSB板或水泥
压力板
OSB板
防潮透气膜
保温板
水泥纤维挂板
保温隔音棉

图 2-4

（2）楼面由地面面层、混凝土垫层、防水层、OSB 板、楼板轻钢骨架、纤维棉、硅酸钙板等构成。如图 2-5 所示。

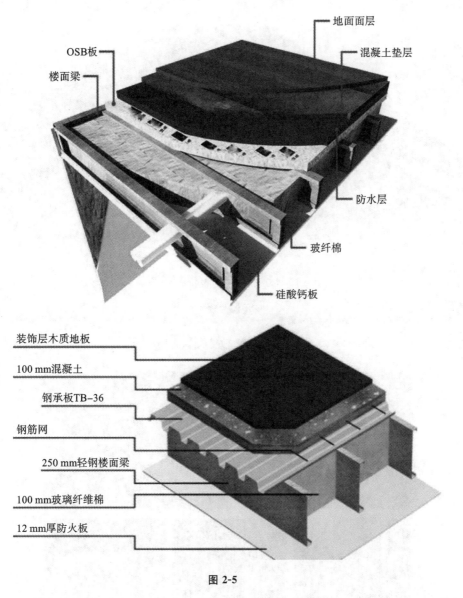

图 2-5

（3）屋面由屋面瓦、防水层、OSB 板、轻钢骨架、玻璃保温棉等构成。如图 2-6 所示。

2.2.2　常用材料介绍

1. 轻钢骨架

采用双面镀铝锌冷轧板材为原材料的 C 形、U 形或者 Ω 形骨架作为轻钢结构材料（见图 2-7）。

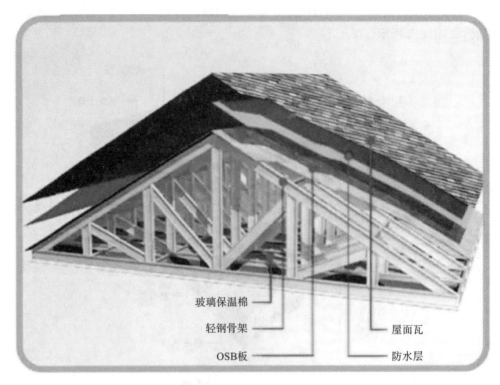

玻璃保温棉

轻钢骨架 ———————— 屋面瓦

OSB板 ———————— 防水层

图 2-6

图 2-7

2. 结构板材——刨花板

刨花板是采用小径木材、间伐材、木芯为原料经过特定成型工艺支撑的一种定向结构板材,由于其刨花是按一定方向排列,其纵向抗弯强度比横向大得多,符合结构受力要求。刨花板可以像木材一样进行锯、砂、刨、钉、钻等加工(见图 2-8)。

图 2-8

3. 结构板材——石膏板

石膏板是以建筑石膏为主要原料,掺入适量轻集料、纤维增强材料和外加剂构成芯材,并与护纸牢固粘结在一起的建筑板材(见图 2-9)。

其优点如下。

(1)更舒适,因其特殊空隙结构,具有"呼吸"功能,可调节室内湿度。

(2)更漂亮,石膏板表面平整,板板之间可牢固黏结形成无缝结构,建筑装饰效果好。

(3)更隔热,导热系数为 0.3 W/(m·k),优于砖和水泥。

(4)更防火,石膏受热释放化合水,耐火极限可达 2 h 以上。

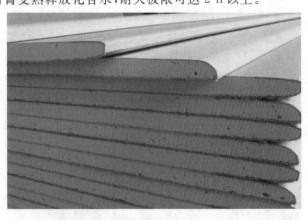

图 2-9

4. 结构板材——水泥纤维板

水泥纤维板是以硅质、钙质材料为主要原料,加入植物纤维,经过制浆、抄取、加压、养护而成的一种建筑板材(图 2-10)。它的优点如下。

(1)属不燃材料,高温时无有毒气体释放。

(2)吸水率小于40%,潮湿不变形。

(3)抗弯强度大于20 MPa,不易受损破裂。

(4)性能稳定,耐酸碱,不易腐蚀,有较长的使用寿命。

(5)经25次冻融循环后不破裂、不分层。

图 2-10

5. 保温隔音防火材料——玻璃纤维棉

玻璃纤维棉是将处于熔融状态的玻璃用离心喷吹工艺进行纤维化,再喷涂热固性树脂制成丝状材料,进行热固化后制成的产品(见图2-11)。它的优点如下。

图 2-11

(1)A1级不燃材料。

(2)无任何气味,环保无毒。

(3)导热系数≤0.03 W/(m·K)。

(4)耐热度≥700 ℃。

(5)多孔结构,回复性好,不怕任何冲击震动。

6.保温隔音防火材料——外墙隔热隔音生态板

外墙隔热隔音生态板为聚苯乙烯塑料保温板。它以聚苯乙烯树脂为原料加上其他辅料,通过加热混合同时注入催化剂,然后挤压出成型的硬质泡沫板,具有完美的闭孔蜂窝结构(见图 2-12)。它的优点如下。

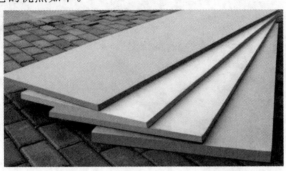

图 2-12

(1)高热阻,结构闭孔率 99％以上,20 mm 厚保温效果相当于 120 mm 厚水泥珍珠岩。

(2)抗压强度高和抗冲击性能好。

(3)具有憎水性和防潮性。

(4)稳定性、防腐性好,无有毒物质挥发。

(5)属环保型建材。

7.防水材料——防水透气膜(呼吸纸)

防水透气膜由聚乙烯微孔膜作为中间层,两边用无纺布经热融直压工艺复合成型。中间层为主要防水层(见图 2-13)。其原理为水蒸气为气体状态,分子颗粒非常小,可通过扩散原理通过微孔膜,发生透气现象,液态水或水滴因其表面张力无法通过,这样就能防止水渗透发生,起到防水的功能。

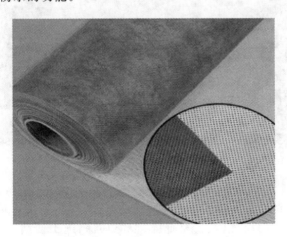

图 2-13

8. 防水材料——自粘防水卷材

自粘防水卷材是以高分子树脂、优质沥青为基料,以聚乙烯膜、铝箔为表面材料,采用离粘隔离层的自粘防水卷材(见图2-14)。产品具有极强的黏结性能和自愈性,适应高低温环境下冷施工。

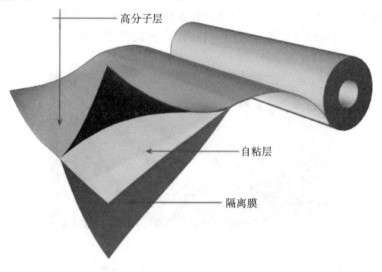

高分子层

自粘层

隔离膜

图 2-14

9. 外墙装饰材料——金属雕花板

金属雕花板集保温与装饰功能为一体,是近几年市场上流行的新型外墙挂板。表面是经特殊涂层处理的优质彩色浮雕饰面金属板,中间层是经阻燃处理的硬质高密度聚氨酯保温断热层,底面是起到隔热保温防潮作用的铝箔保护层(见图2-15)。

图 2-15

10. 外墙装饰材料——PVC 外墙挂板

PVC 外墙挂板是聚氯乙烯树脂与稳定剂等辅助配料加工而成的外墙板材(见图2-16),具有抗氧化性、耐腐蚀性、价格低廉、节能环保、施工便利、受季节变化影响小等特点。

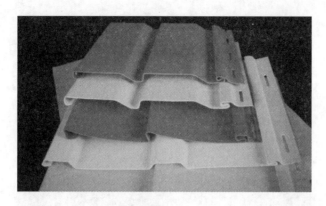

图 2-16

11. 外墙装饰材料——木纹水泥纤维挂板

木纹水泥纤维挂板是以水泥为胶粘成分,加入适量的植物纤维,表面带有木纹的水泥纤维板外观更自然美观,具有经久耐用、轻质、隔热、抗冻、吸声、防火、防霉、防蚁等特点(见图 2-17)。

图 2-17

12. 外墙装饰材料——水泥纤维装饰板

水泥纤维装饰板是以水泥材料为基材,以复合纤维为增强材料,一定配方混合加工成平板,经过高温高压养护而成。该产品质轻、防火、防水、防霉、防暑、防蚁、隔热、隔音、抗冲击、耐酸碱、耐老化、抗冻、绿色环保,是一种集功能性、装饰性为一体的高档外墙装饰材料(见图 2-18)。

图 2-18

13. 外墙装饰材料——人造文化石

人造文化石是采用人工的方法把天然形成的各种石材的纹理、色泽、质感进行升级再现,效果极富原始、自然、古朴的韵味(见图 2-19)。高档人造文化石具有环保节能、质地轻、色彩丰富、不霉不燃、抗融冻性好、便于安装等特点。

图 2-19

14. 屋面材料——彩石金属瓦

彩石金属瓦是以镀铝锌钢板为基板,经过前后保护膜处理,面层使用无毒无害优质粘合剂,再铺上天然彩色石粒。轻质高强,牢固耐用,安装方便(见图 2-20)。

图 2-20

15.屋面材料——沥青瓦

沥青瓦以玻璃纤维毡为胎体,经过浸涂优质沥青后,一面覆盖彩色矿物颗粒料,另一面撒以隔离材料制成的瓦状屋面防水片材,是一种具有装饰与防水功能的屋面材料(见图2-21)。它具有良好的防水、装饰功能,且色彩丰富,形式多样,施工简便。

图 2-21

16.屋面材料——彩钢压型瓦

彩钢压型瓦采用彩色涂层钢板,经辊压冷弯成各种波形的压型板(见图2-22),具有质轻、高强、防雨、寿命长、色泽丰富、施工便捷、免维修等特点,现已经被广泛推广应用。

17.落水系统——彩钢落水系统

彩钢落水系统如图2-23所示。其优点如下。

(1)选用高强镀锌彩涂板,寿命高达35年以上。

(2)强度高,适用于冰雪较大的地区。

(3)色彩多样,安装便捷。

(4)绿色环保。

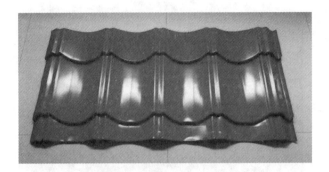

图 2-22

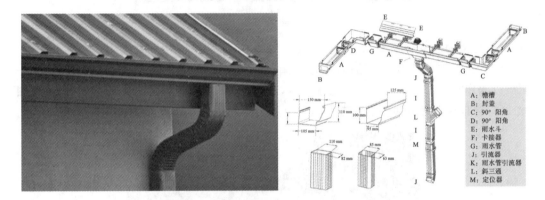

A：檐槽
B：封盖
C：90° 阳角
D：90° 阳角
E：雨水斗
F：卡接器
G：雨水管
J：引流器
K：雨水管引流器
L：斜三通
M：定位器

图 2-23

2.2.3　常用轻钢骨架

如图 2-24 所示是某别墅的常规轻钢骨架。

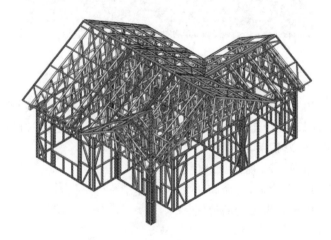

图 2-24

屋面系统轻钢骨架主要是屋架部分，一般结构如图 2-25 所示。

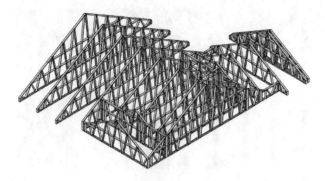

图 2-25

屋面面板轻钢骨架主要是屋面骨架，一般结构如图 2-26 所示。

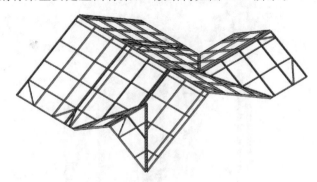

图 2-26

墙面系统轻钢骨架主要是墙面骨架，一般结构如图 2-27 所示。

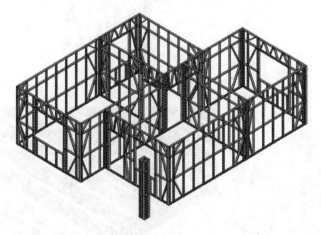

图 2-27

屋架系统轻钢骨架和墙面骨架的连接设计如图 2-28 所示。

墙面系统轻钢骨架设计一般会在受力比较大的部分按照桁架体系设计，如门洞口、窗洞口部分，其他部分是采用横竖轻钢骨架，如图 2-29 所示。

楼地面系统轻钢骨架设计一般采用加强骨架设计，如图 2-30 所示。

图 2-28

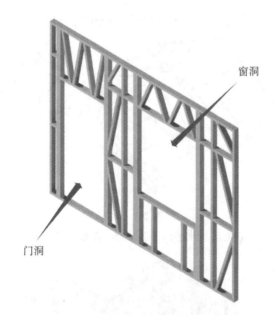

窗洞

门洞

图 2-29

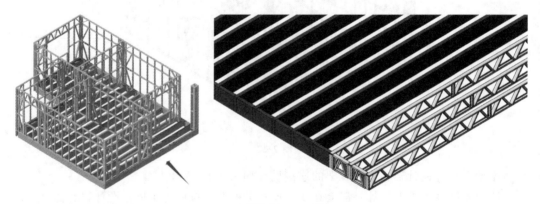

图 2-30

楼梯轻钢骨架设计常见的结构形式如图 2-31 所示。

图 2-31

第3章 BUILDIPRO 软件使用

3.1 软件的安装

（1）下载软件安装包及安装手册，将软件安装包解压到自行指定的位置，如图 3-1 所示。

图 3-1

图 3-2

（2）打开解压位置，找到安装程序。

（3）双击打开"setup"，如图 3-2 所示。

（4）点击"下一步"，如图 3-3 所示。

（5）点击"同意"并进入"下一步"，如图 3-4 所示。

（6）选择安装位置，如图 3-5 所示。

（7）继续点击"下一步"，如图 3-6 所示。

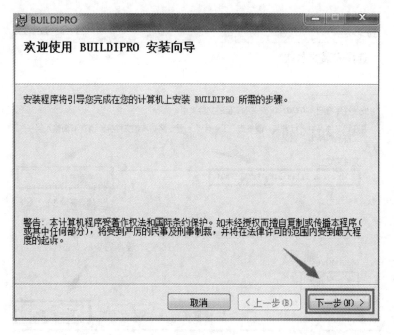

图 3-3

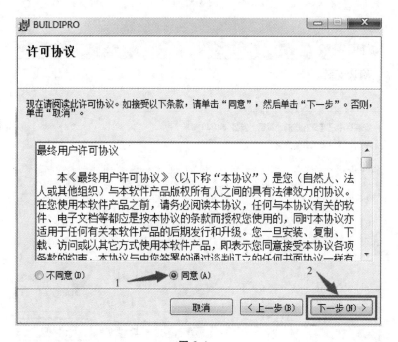

图 3-4

(8)耐心等待安装 6~10 分钟,如图 3-7 所示。

(9)完成安装并关闭窗口,如图 3-8 所示。

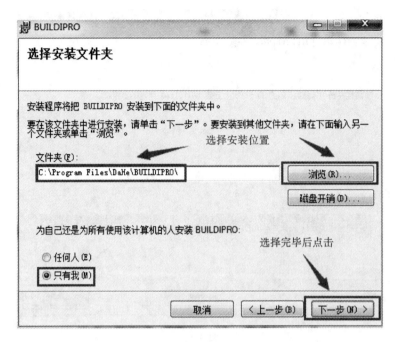

图 3-5

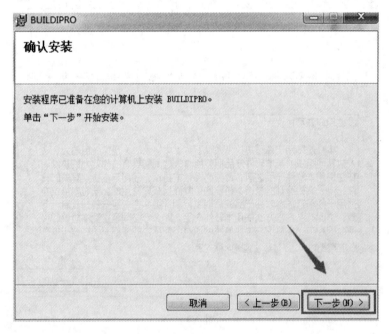

图 3-6

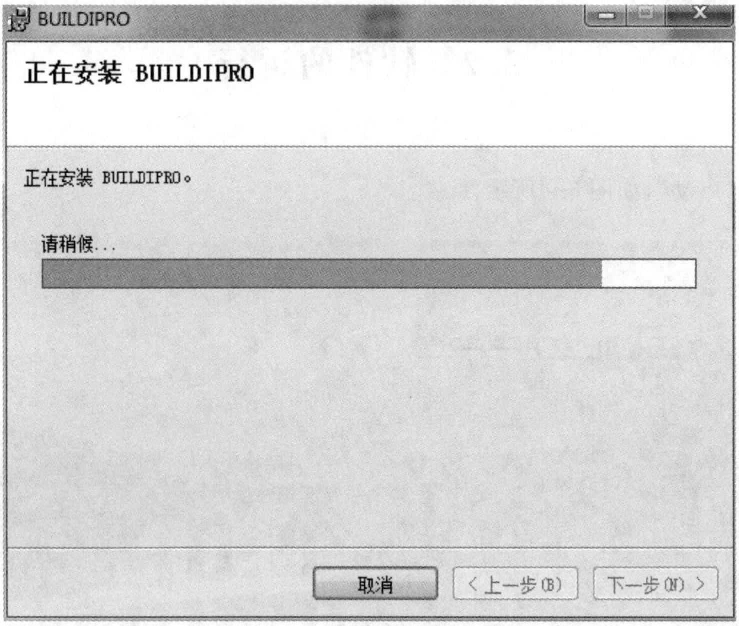
BUILDIPRO
正在安装 BUILDIPRO
正在安装 BUILDIPRO。
请稍候...
取消
< 上一步(B)
下一步(N) >

图 3-7

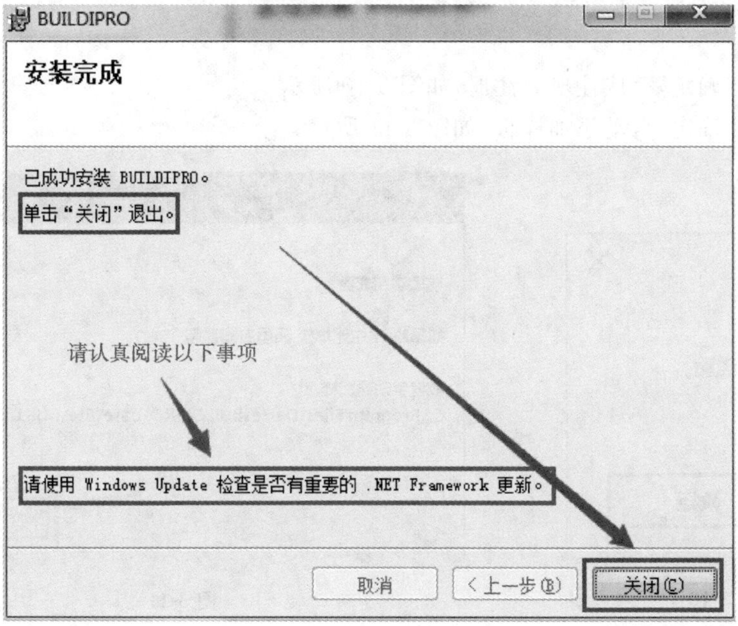
BUILDIPRO
安装完成
已成功安装 BUILDIPRO。
单击“关闭”退出。
请认真阅读以下事项
请使用 Windows Update 检查是否有重要的 .NET Framework 更新。
取消
< 上一步(B)
关闭(C)

图 3-8

3.2 软件的运行

(1)点击"启动",如图 3-9 所示。

图 3-9

(2)点击"确定"完成注册表注册,如图 3-10 所示。

(3)点击"确定"自动添加样板,如图 3-11 所示。

图 3-10

图 3-11

(4)进入软件后点击选项卡会弹出对话框,如图3-12所示。

(5)将 CD-KEY(序列号)输入并点击确认,运行软件前请确认网络顺畅,若要更换电脑,必须先解除已经绑定的 CD-KEY,操作步骤如图 3-13 所示。

(6)点击"解绑 CDKEY",如图 3-14 所示。

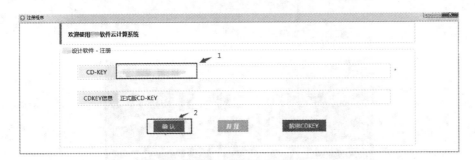

图 3-12

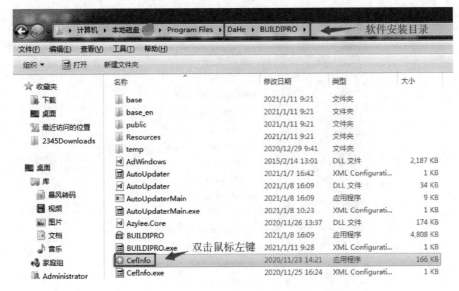

图 3-13

图 3-14

（7）双击图标运行"BUILDIPRO"软件，弹出对话框如图 3-15 所示。

在左下角下拉列表选择已安装的 Revit 版本，此处以 Revit2016 版为例，运行软件后，自行添加建筑模板的具体操作步骤如图 3-16～图 3-20 所示。

图 3-15

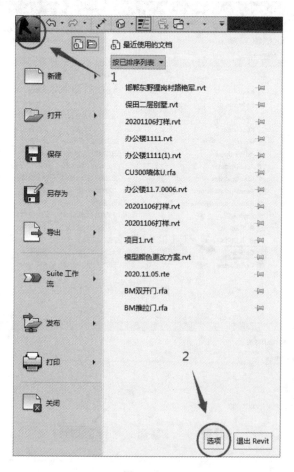

图 3-16

　　模板添加完毕后即可进入软件使用。通常是采用 BUILDIPRO 样板创建新的项目（见图 3-20）。

　　(8)检查更新：双击图标运行"BUILDIPRO"软件，弹出对话框如图 3-21 所示。

　　点击"开始更新"进行在线更新，如图 3-22、图 3-23 所示。

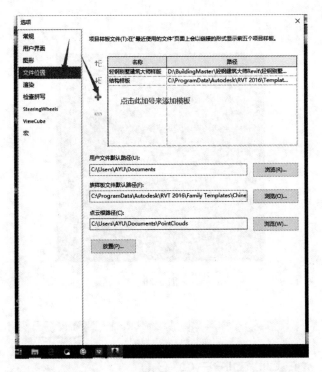

图 3-17

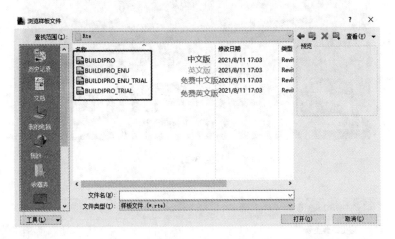

图 3-18

名称	安装路径:安装时选择的磁盘	修改日期	类型	大小
BUILDIPRO		2021/8/11 17:03	Revit Template	6,220 KB
BUILDIPRO_ENU		2021/8/11 17:03	Revit Template	6,424 KB
BUILDIPRO_ENU_TRIAL		2021/8/11 17:03	Revit Template	6,416 KB
BUILDIPRO_TRIAL		2021/8/11 17:03	Revit Template	6,216 KB

Program Files › DaHe › BUILDIPRO › base › Rte

图 3-19

图 3-20

图 3-21

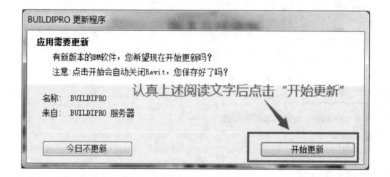

图 3-22

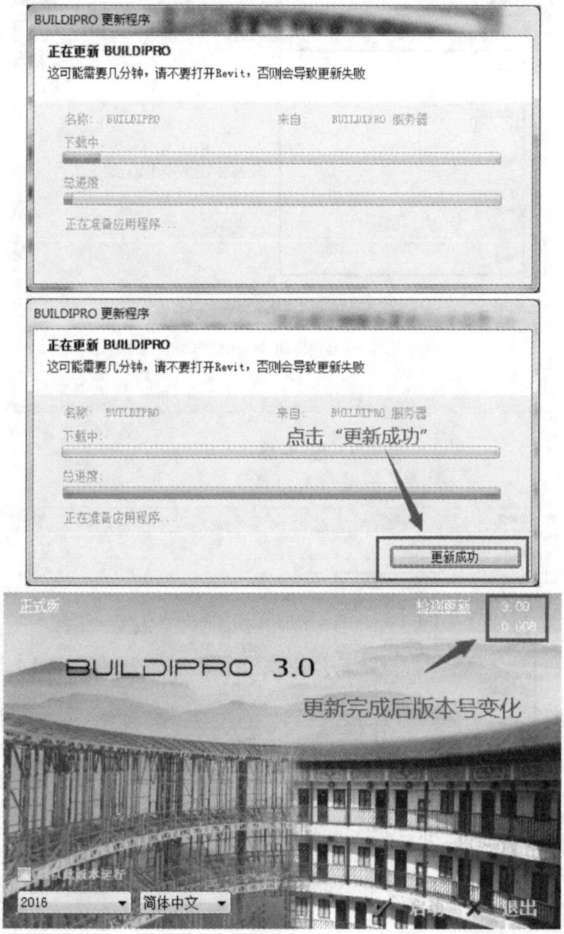

图 3-23

3.3　项 目 管 理

（1）进入"BUILDIPRO"后，在任务栏选择"BUILDIPRO"（轻钢建筑大师），如图 3-24 所示。通常是采用 BUILDIPRO 样板创建新的项目。创建新的项目之后，进入"项目管理"命令，录入项目相关信息。

（2）点击运行"项目管理"命令，如图 3-24 箭头所示，弹出对话框如图 3-25～图 3-27 所示。

屋顶标高设置可以参考图 3-28。

（3）分别填入项目图纸信息、标高信息及客户信息后点击"确定"进入操作界面，如图 3-29 所示。

图 3-24

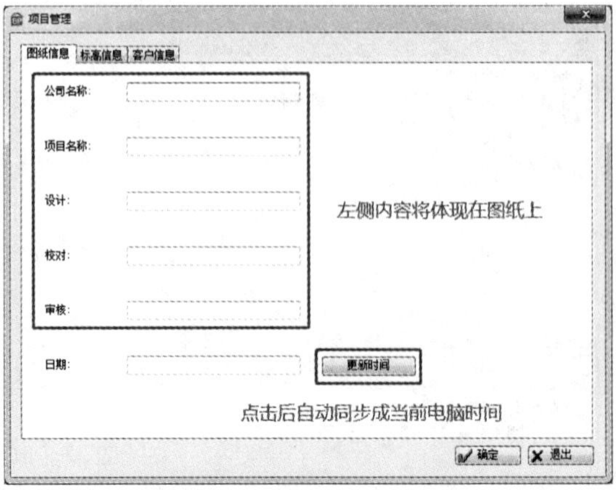

图 3-25

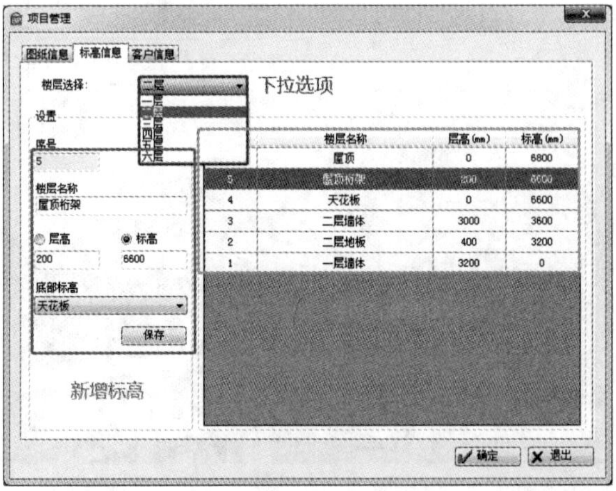

图 3-26

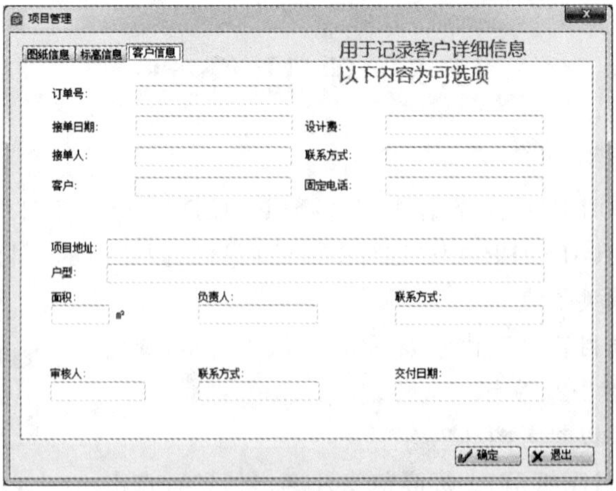

图 3-27

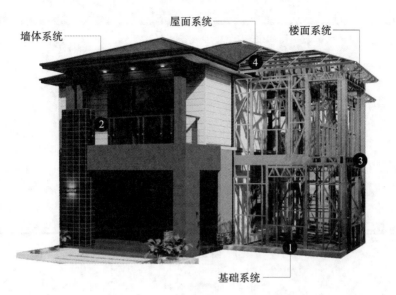

图 3-28

图 3-29

（4）系统会默认图纸信息中填写的项目名称作为新建项
目的文件名，自动保存到桌面上同名文件夹中，并弹出对话框，如图 3-30、图 3-31 所示。

图 3-30

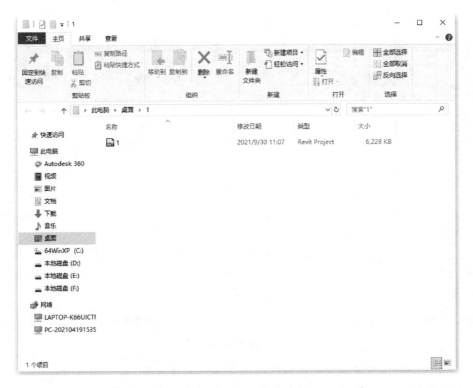

图 3-31

3.3.1　参数设置

点击"参数设计"进行模型参数、骨架参数、其他参数设置,如图 3-32～图 3-34 所示。

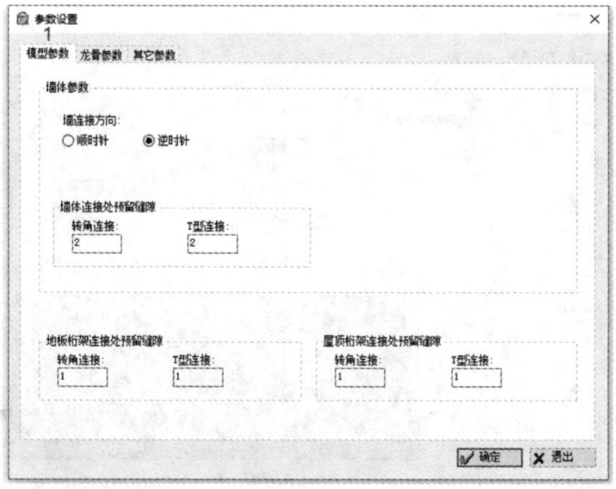

图 3-32

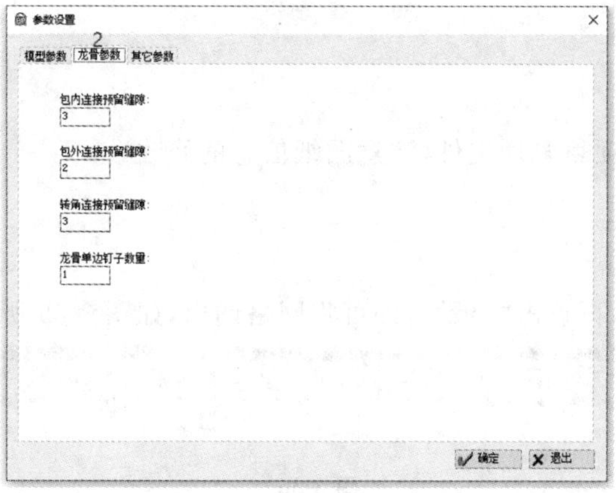

图 3-33

图 3-34

3.3.2 标高设置

如图 3-35 所示,首先点击"BUILDIPRO"菜单,然后点击"项目管理"进入界面设置标高。

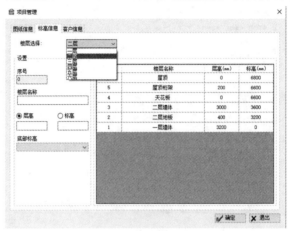

图 3-35

课题

创建一个二层的项目管理文件(注意图纸信息的修改)。

3.3.3 轴网

首先点击"建筑",再点击"显示",即可将网格调出,如图 3-36 所示。

图 3-36

修改网格,点击网格,左上角出现修改间距对话框,如图 3-37 所示。

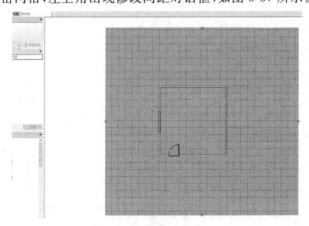

图 3-37

3.3.4　关于我们

在"关于我们"中,包含往期更新内容、版本信息、联系方式等内容,如图 3-38 所示。

图 3-38

3.4　导入图纸及其他格式模型

3.4.1　导入 CAD 图纸

(1)首先点击"插入"菜单,在该菜单下点击"导入 CAD"或者"链接 CAD"选项卡,如图 3-39 所示。

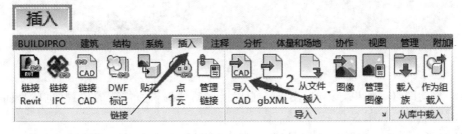

图 3-39

(2)选择需要导入的 CAD 图纸,注意要在下方勾选"仅当前视图",如图 3-40 所示,这样其他视图(立面、屋面)就不会看到该导入 CAD 图纸,避免造成图纸的重叠。

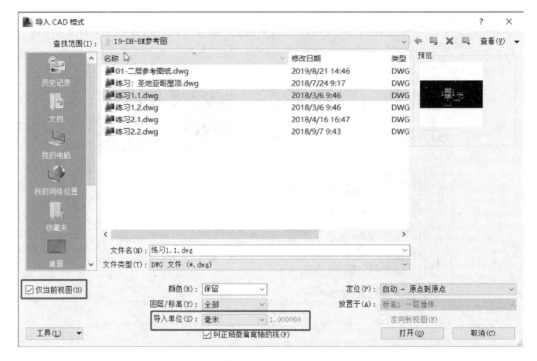

图 3-40

（3）注意：导入单位一定要从"自动检测"改成"毫米"，如图 3-41 所示，然后就可以点击"打开"按钮，完成 CAD 图纸导入。

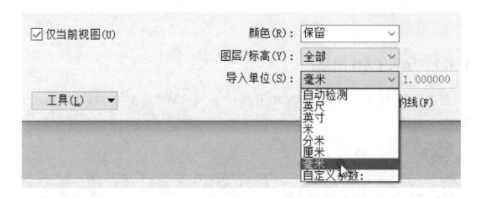

图 3-41

（4）移动图纸。如果导入时，图纸不能直接移动到编辑所需要的位置（也就是四个视图中间的位置）。如图 3-42 所示。

这时可点击选中需要移动的图纸，可以通过两种方式实现图纸移动。①在上方"修改/练习"菜单命令下选择"解锁"命令，然后按住鼠标左键，拖入视图中心位置，完成移动图纸，如图 3-43 所示。

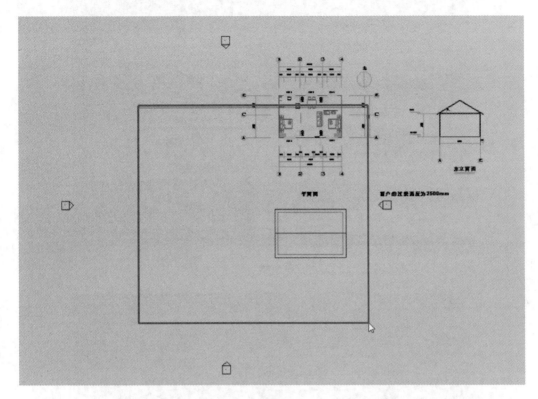

图 3-42

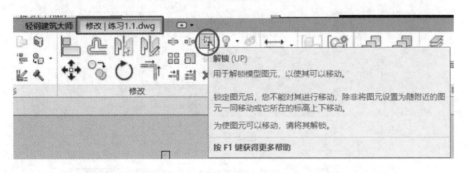

图 3-43

②直接在图纸该位置点击"解锁"。然后按住鼠标左键,拖入视图中心位置,完成移动图纸,如图 3-44 所示。

完成图纸移动后,需要再次锁定图纸,如图 3-45 所示,点击"禁止或允许改变图元位置"图标,完成锁定图纸;或者在"修改/练习"菜单命令下选择"锁定"命令。如图 3-46 所示。

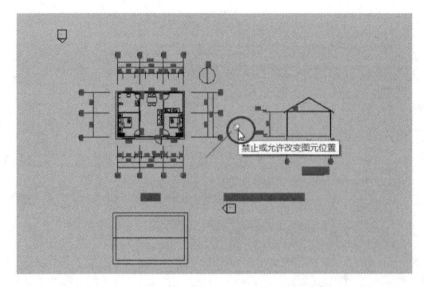

图 3-44

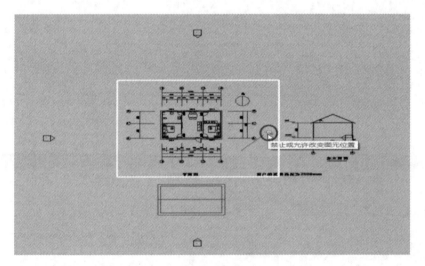

图 3-45

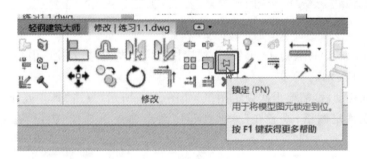

图 3-46

3.4.2　导入其他格式模型

导入其他格式模型步骤如下。点击"插入"命令菜单，根据格式选择"链接 Revit""链接 IFC""导入 gbXML"，按照软件提示点击完成其他格式文件导入，如图 3-47 所示。

图 3-47

第4章 墙体及门窗

4.1 绘制墙体

4.1.1 墙体的绘制操作

墙体的绘制操作的详细步骤如下。

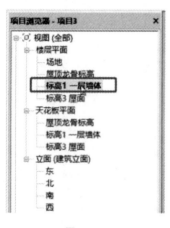

图 4-1

(1)在项目浏览器中选定标高层,如图 4-1 所示。

(2)在"建筑"功能选项下,使用"绘制墙体"命令绘制所需墙体,依据项目信息修改墙高度、厚度等参数,定位线一般选择"墙中心线",其他按照软件默认,如图 4-2 所示。

(3)以在标高"一层墙体"中绘制墙体为例,操作步骤如下。选择直线绘制,如图 4-3 所示,一般默认为直线绘制。在绘图区左下方"图形显示选项"中选择"着色"显示绘制的墙体(见图 4-4),按照导入图纸,瞄边画墙,如果不显示捕捉点,在"捕捉替换"菜单内勾选需要的捕捉点(见图 4-5),一般选择捕捉中点或者端点;按照图纸依次完成墙体绘制。绘制好的墙体模型如图 4-6 所示。

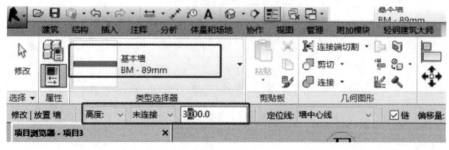

图 4-2

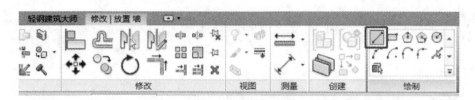

图 4-3

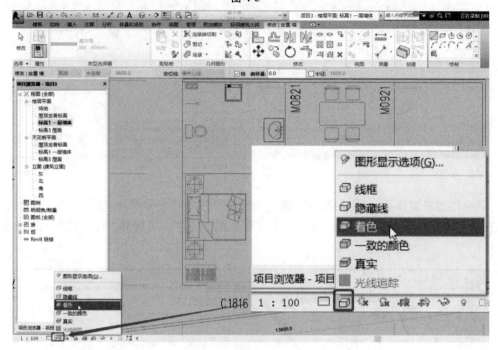

图 4-4

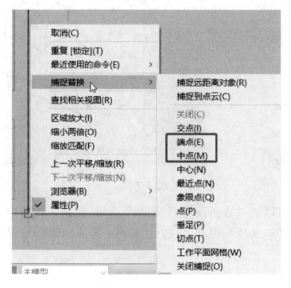

图 4-5

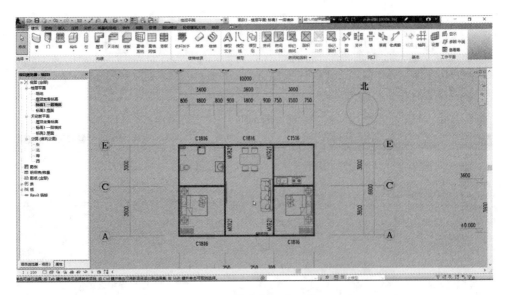

图 4-6

（4）绘制好墙体后，可以切换到三维视图复核。三维切换如图 4-7 所示，点击"默认三维视图"功能选项，就进入三维视图；已经完成的标高"一层墙体"的三维图，如图 4-8 所示。

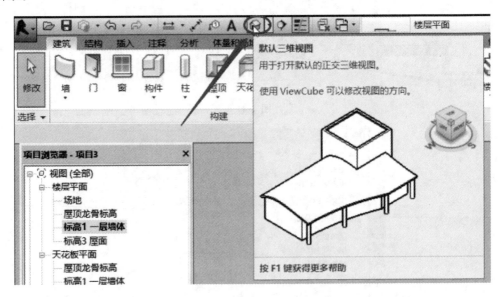

图 4-7

（5）三维视图还可以通过点击图标，如图 4-9 所示，实现不同方向的查看及旋转模型。或者可以按住鼠标滚轴，实现模型移动；按住"Shift"键的同时按住鼠标滚轴，可以实现模型旋转操作。

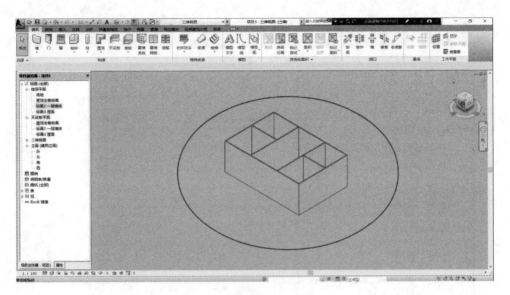

图 4-8

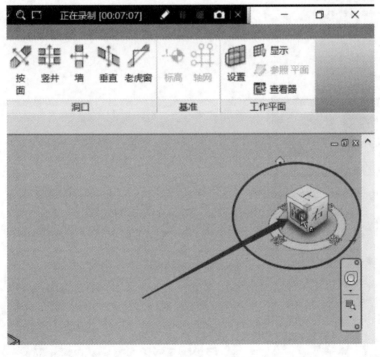

图 4-9

4.1.2 墙体的属性

点击"绘制墙体"之后,在界面的左边显示出墙体的属性,如图 4-10 所示。

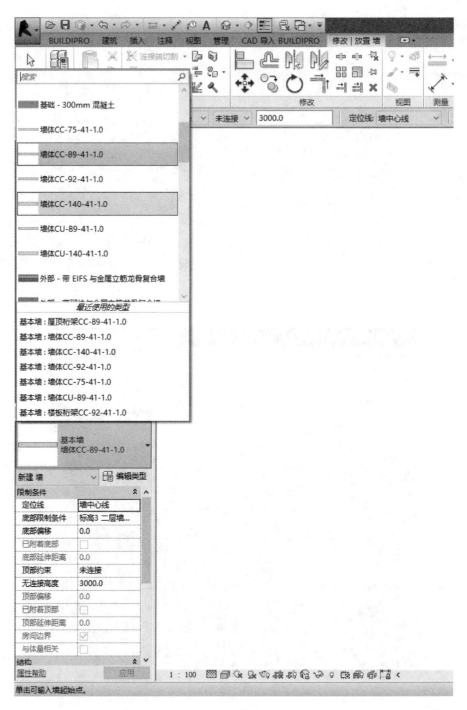

图 4-10

4.1.3 BUILDIPRO 墙体的编辑

点击选择一面墙体或者按住"Ctrl"键多选墙体,系统会自动跳转到编辑页面,如图

4-11 所示。

图 4-11

4.1.4 BUILDIPRO 墙体的分割

在"建筑"里找到"模型线",在想要分割的地方绘制一条模型线,如图 4-12 所示。

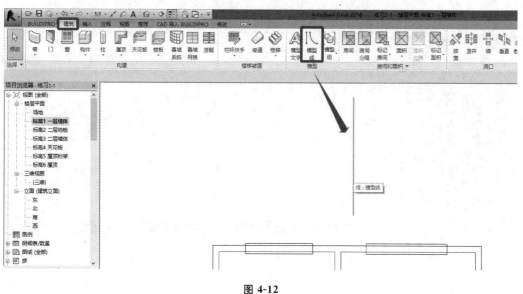

图 4-12

绘制完线条后,在工具栏点击"墙体打断",先选择线条,再选择墙体,可多选,墙体选择完毕后,点击左上角"完成"即可打断。如图 4-13、图 4-14 所示。"打断墙体"适用于墙体、地板桁架、屋顶桁架。

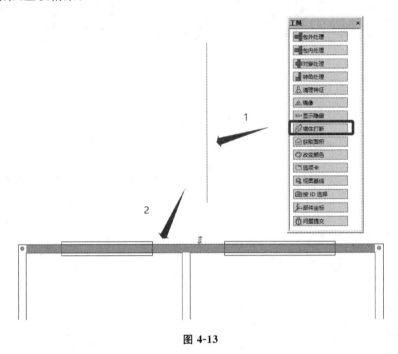

图 4-13

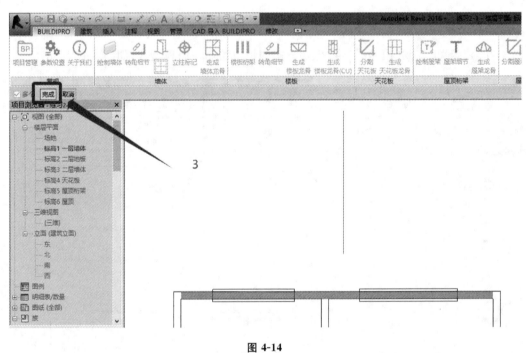

图 4-14

4.1.5　BUILDIPRO 设置第一根立柱位置

(1)在"建筑"里找到"模型线",在与线框平行的地方绘制一条模型线,如图 4-15 所示。

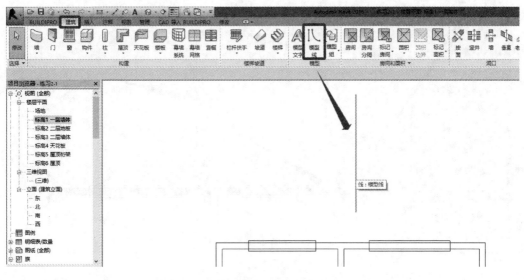

图 4-15

(2)在"BUILDIPRO"中找到"立柱标记",如图 4-16 所示。

图 4-16

(3)点击"立柱标记"后弹出一个对话框,如图 4-17 所示。

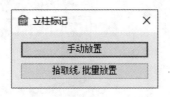

图 4-17

放置立柱标记有两种方法。一是手动放置,直接将鼠标光标移动到墙体上,每次只能放置一个。二是拾取线批量放置,先选择线条再点击墙体,也可多选,如图 4-18 所示。

```
课题
```

运用两种方式在墙体上方立柱标记(注意:一面墙体只需一个立柱标记)。

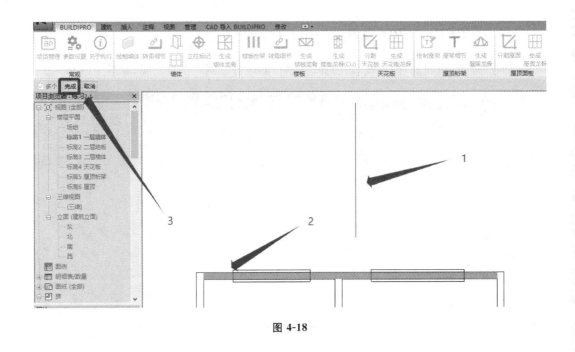

图 4-18

4.2 绘 制 门 窗

完成绘制墙体步骤后,下一步是要插入门窗。选择门窗命令,点击目标墙体即可。快捷键,门是"DR",窗是"WN"。在选择插入门窗之前,要先把门窗参数按照图纸信息修改。按要求在墙体上绘制门窗,使用 BUILDIPRO 菜单中或 Revit 自带的绘制门窗命令来添加门窗(见图 4-19、图 4-20)。

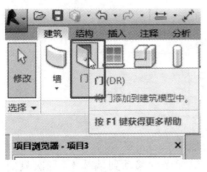

图 4-19

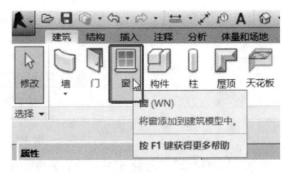

图 4-20

门窗是基于主体的构件,可以将其添加到任何类型的墙体中;在平、立、剖及三维视图中均可添加,且门窗会在自动剪切墙体后进行放置。

4.2.1　BUILDIPRO 门窗绘制

点击门或者窗户,左边的工作栏会显示门或者窗户的属性,在属性里面可以修改门或者窗户的高度、大小、材质等属性,如图 4-21 所示。

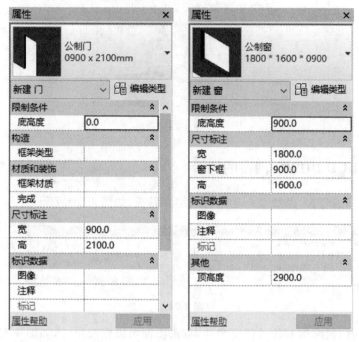

图 4-21

修改之后,在该对话框中还可复制新的门或窗,并对新的门或窗重命名。可直接点击墙体插入门窗,一般插入位置都是选择门窗洞口中点。在放置门和窗时输入"SM",可自动捕捉到中点并插入。如果插入位置存在偏离,需要选中目标门窗,在"修改"菜单中选择"移动"功能,先选定移动点的最终位置,再选择移动起点位置,点击完成移动(可按照系统提示视频完成操作),如图 4-22、图 4-23 所示。

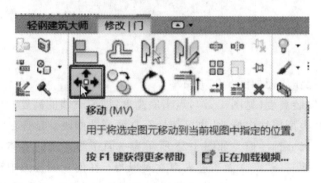

图 4-22

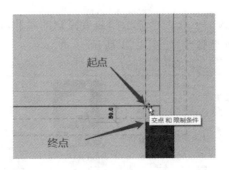

图 4-23

4.2.2 BUILDIPRO 门窗的编辑

直接点击门或者窗,系统会自动跳转到编辑界面,如图 4-24 所示。

图 4-24

(1)常见的门窗编辑有修改门窗尺寸,点击图标可以修改尺寸,如图 4-25 所示。

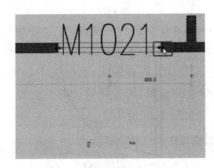

图 4-25

(2)门窗移动操作界面如图 4-26 所示。

(3)修改窗的安装高度(见图 4-27),点击底高度(即窗下墙的高度)直接修改数字。

窗的参数可在类型属性中修改,也可切换至立面视图修改。选择窗,通过移动临时尺寸界线来修改临时尺寸标注值。如图 4-28 所示为一面东西走向的墙体,在项目浏览器中双击"立面(建筑立面)"→"南立面",进入南立面视图。在南立面视图中选中该扇窗,移动临时尺寸控制点至±0.000 标高线,修改临时尺寸标注值为"800.0",按"Enter"键确认。

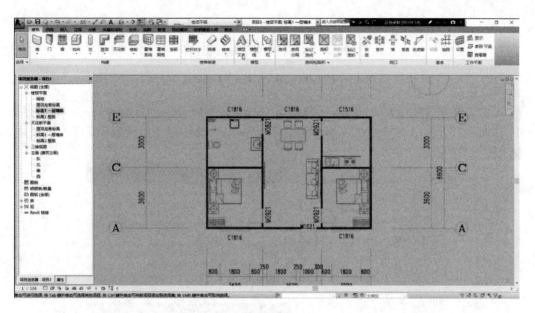

图 4-26

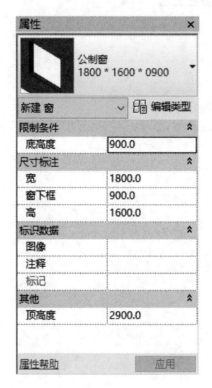

图 4-27

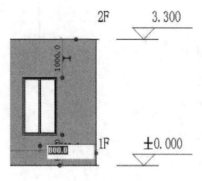

图 4-28

4.3　墙体转角细节

(1)绘制好墙体门窗后,使用"转角细节"命令将墙体打断,运行命令后将所有墙体选中,如图 4-29 所示。该命令的主要作用是把墙体分割,墙体拐角明确显示属于一侧墙体,便于接下来生成墙体骨架。

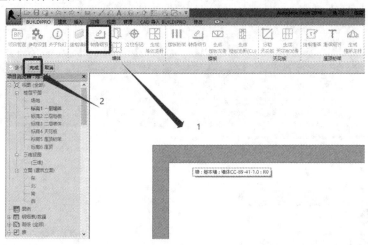

图 4-29

(2)选中后点击"完成"即可,命令运行后的效果如图 4-30 所示。

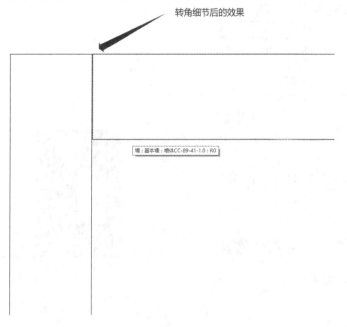

图 4-30

4.4 生成墙体骨架

在主菜单下,除了项目管理、工程图纸是在二维视图界面操作,墙体、楼板、屋顶、屋面面板、更新骨架、NC 代码都是在三维视图界面操作。如图 4-31 所示。

图 4-31

(1)使用 Revit 命令或 BUILDIPRO 软件命令,如图 4-32 所示。

图 4-32

(2)绘制好一层墙体后,按图 4-33 所示步骤定义每一面墙板所要生成的墙体骨架的第一根立柱所在位置。

(3)"立柱标记"所在位置可以通过"修改"中点击"✛"来完成,也可通过编辑尺寸的方式,如图 4-34 所示。

此处添加"竖梁标记"也可以使用 BUILDIPRO 软件工具菜单中命令"竖梁标记"来标注墙体第一根竖梁的位置,添加完成后如图 4-35 所示。

也可以通过拾取线来放置立柱标记,先在墙体旁边绘制好线条,运用"模型线",绘制的线条长短依据个人习惯,如图 4-36 所示。

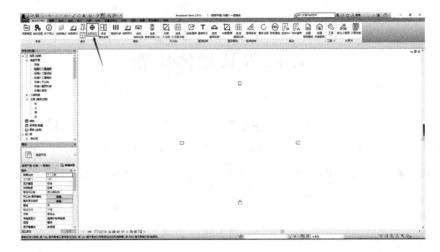

图 4-33

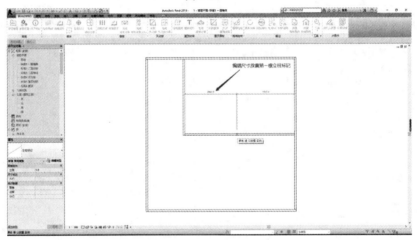

图 4-34

图 4-35

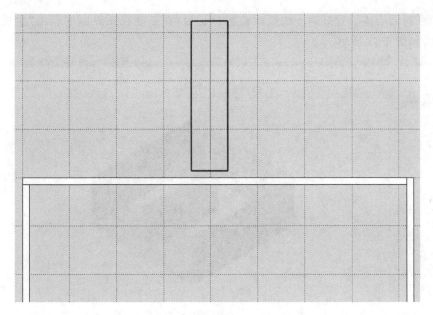

图 4-36

放置好线条之后点击"立柱标记",如图 4-37 所示。

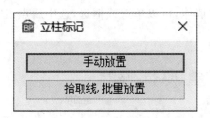

图 4-37

点击拾取线,批量放置立柱之后,第一步点击模型线,第二步点击想要放置立柱的墙体(墙体可以单次多选),最后点击"完成"。绘制线条一定要确认线条能经过墙体,若绘制的线条没有经过墙体,则立柱不能放置成功。放置好的立柱标记如图 4-38 所示。

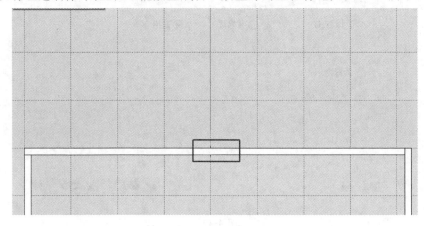

图 4-38

（4）在每面墙体放置好第一根竖梁位置标记后，在三维视图界面中点击"生成墙体龙骨"命令，如图4-39所示。

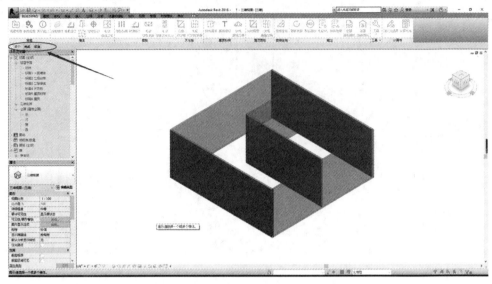

图 4-39

（5）选中要生成骨架的墙体，可以单选或框选，选中后点击"完成"，如图4-40所示。

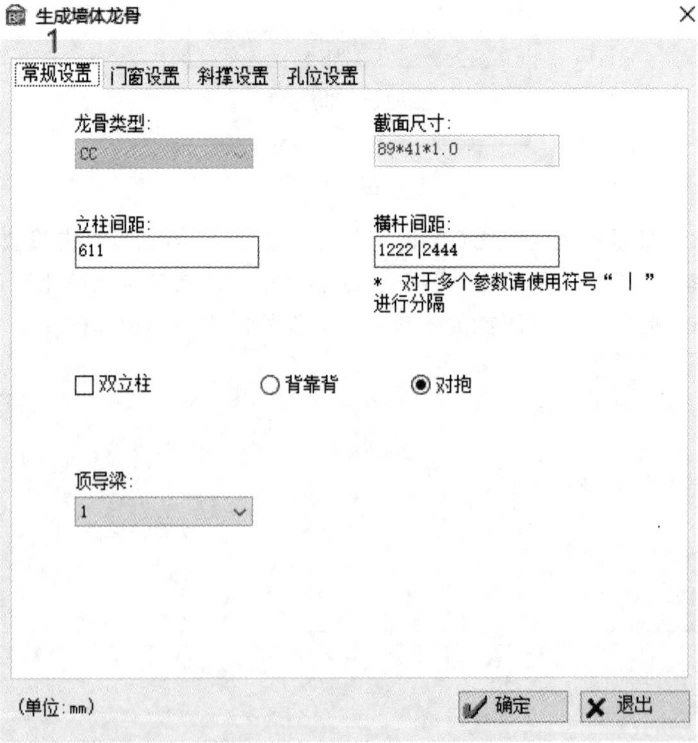

图 4-40

弹出对话框如图 4-41～图 4-43 所示。

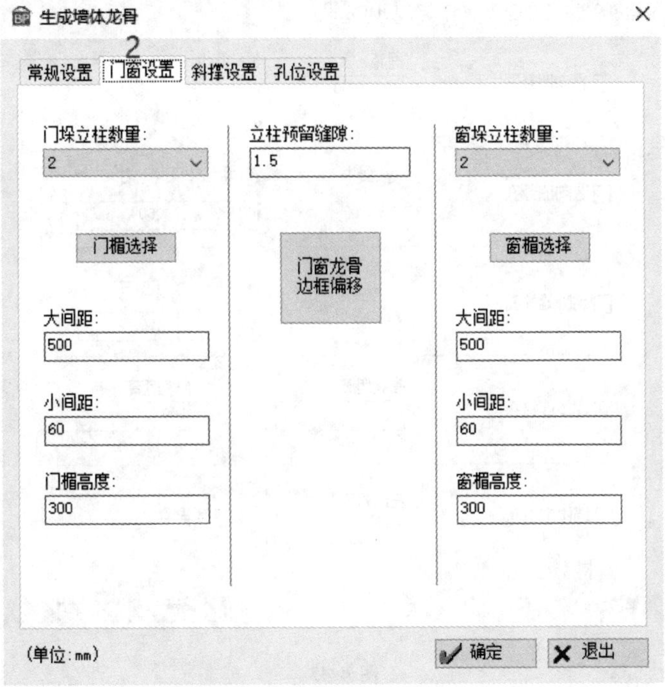

图 4-41

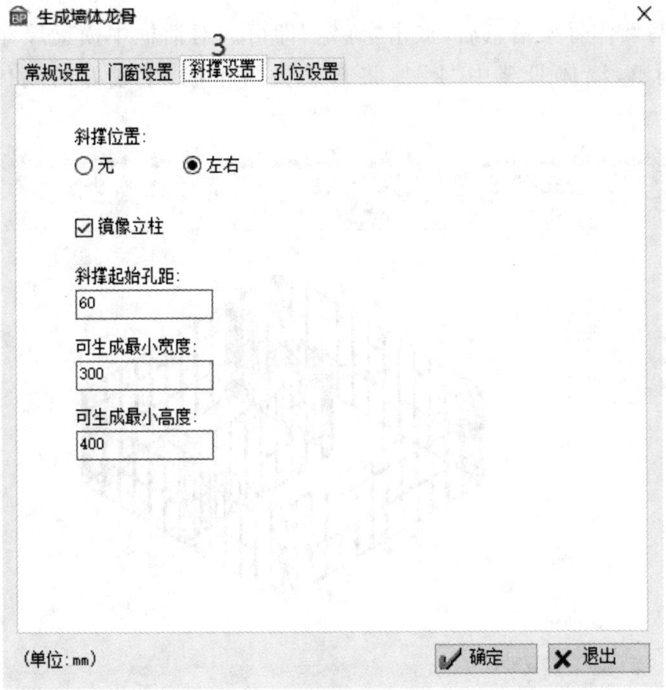

图 4-42

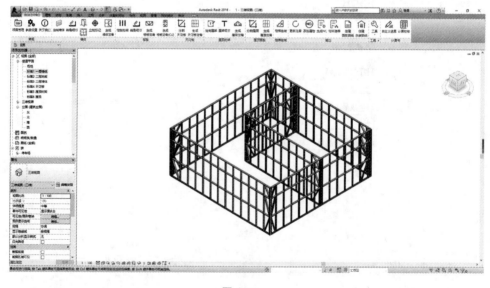

图 4-43

注意：图例中填写参数为变量，并非固定参考值，具体参数以实际情况为准，请谨慎操作！

（6）按需填写墙体骨架信息后，点击"确定"即可。对话框中横梁尺寸参数、过线孔参数可根据需要调整，墙体骨架中"k"撑将自动按需生成，生成好的墙体骨架如图 4-44 所示。

图 4-44

（7）编辑墙体骨架。

点击需要修改的墙体骨架，然后按"HI"，将需要修改的墙体骨架单独提出来修改，这样更加的直观，之后双击骨架进入编辑界面，如图 4-45 所示。

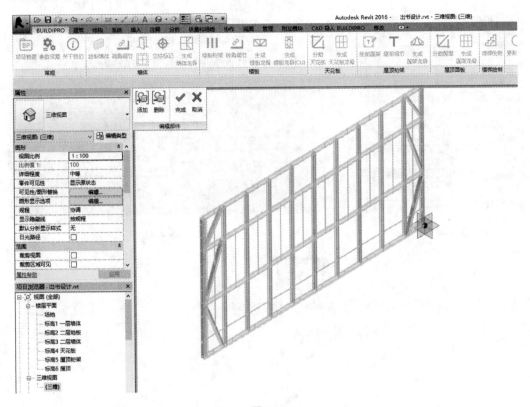

图 4-45

在编辑界面修改墙体骨架，修改完毕之后，点击左上角的"完成"，随后按"HR"回到主界面。任何一个骨架修改都按照此方法，可以不用按"HI"，双击骨架进行修改也可以。

还有一种标记位置的方式是：修改"属性"菜单下"基线"为屋顶骨架标高或首层骨架标高，这样就可以对应骨架位置，如图 4-46 所示。

（8）墙体分割。

根据设计需要或者当墙体过长，都需要进行分割墙体操作。具体操作步骤如下：使用"拆分图元"命令，将鼠标光标移动到目标墙体，点击桁架中间位置，完成目标墙体分割。如图 4-47 所示。

（9）根据需要可以选择隐藏 CAD 图纸，具体操作为：点击"显示过滤"，在所有分类里找到"导入对象"，点击"导入对象"的下拉三角找到"CAD 图纸"，点击"CAD 图纸"后面的"眼睛"按钮。若"眼睛"按钮是打开状态，点击可变为关闭状态，呈关闭状态时，从外部导入的 CAD 图纸呈隐藏状态，如果想再次显示，点击"眼睛"按钮即可，如图 4-48 所示。

图 4-46

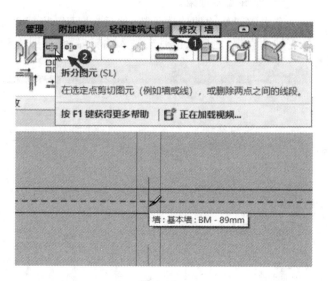

图 4-47

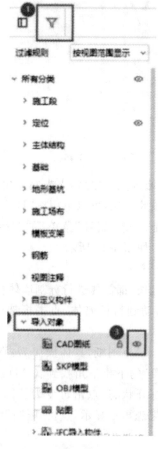

图 4-48

第5章 楼 板

5.1 绘 制 楼 板

在"项目管理器"中选择需要绘制的标高层,点击"建筑"选项卡的"楼板"命令,按照图纸绘制楼板,完成操作。具体步骤如下。

(1)选择"标高 2 二层地板"后,点击"建筑"选项卡的"楼板"命令,如图 5-1 所示。

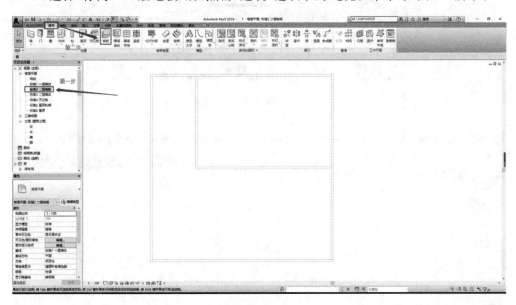

图 5-1

(2)进入绘制模式后,在属性栏中选择楼板厚度,此处选择的楼板厚度应与项目管理中输入的标高信息对应上,此处以图 5-2 为例。

(3)选择好楼板厚度后,在"修改/创建楼层边界"选项卡中找到绘制模式(见图 5-3)。

任选其一,根据房间户型等作为参照绘制出楼板轮廓线,完成绘制后点击"✔"完成并退出编辑模式,如图 5-4 所示。

(4)完成后可跳转至三维视图查看模型情况,如图 5-5 所示。

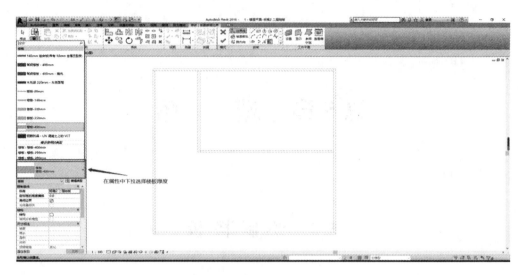

图 5-2

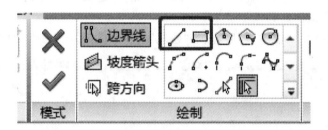

图 5-3

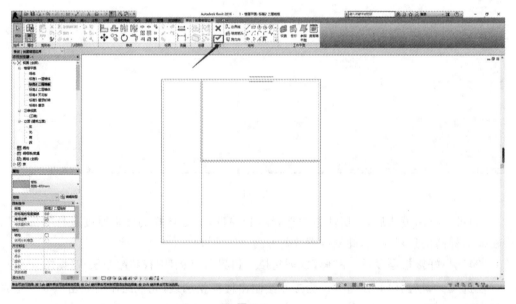

图 5-4

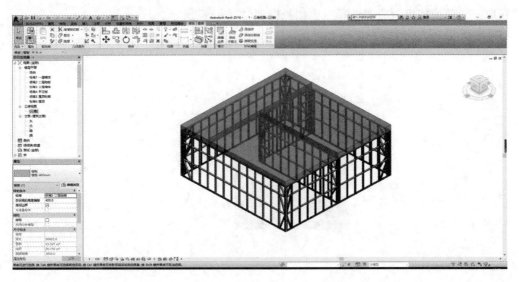

图 5-5

（5）点击楼板模型，在属性栏中找到"自标高的高度偏移"，修改数值可改变三维模型的 Z 轴方向，如图 5-6 所示。

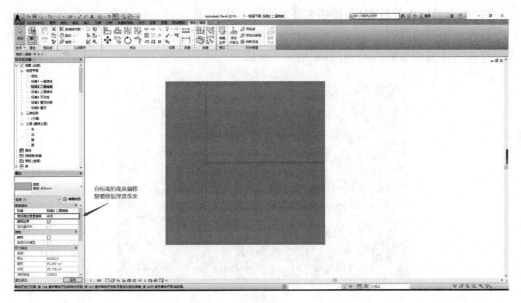

图 5-6

5.2　楼板桁架

（1）在三维视图中的选项卡"BUILDIPRO"中点击"楼板桁架"命令，左下角出现提示

"获取一个转换楼板",需要选择一个楼板模型,如图 5-7 所示。

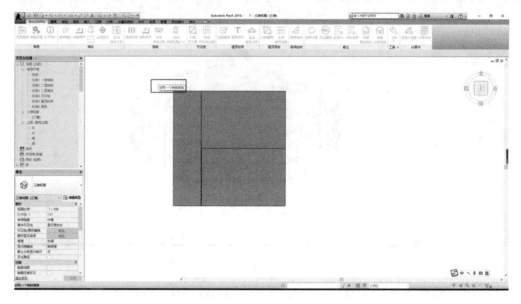

图 5-7

(2)点击目标楼板模型后,按照左下角提示"提示:请选择楼板边缘,作为龙骨阵列方向",即楼板桁架的阵列方向由选择的楼板边缘的方向来决定。可选择一条水平方向的楼板边缘作为楼板桁架的阵列方向,如图 5-8 所示。

图 5-8

(3)选取后按左下角提示"提示,请选择第一榀桁架放置点"选择桁架放置的阵列起始点,选取后弹出对话框,如图 5-9 所示。

(4)根据实际情况输入对应参数后,点击"确定",系统以上述操作中的阵列方向、起始点及输入的参数等作为生成条件依据,将该楼板模型转换成楼板桁架模型,如图 5-10 所示。

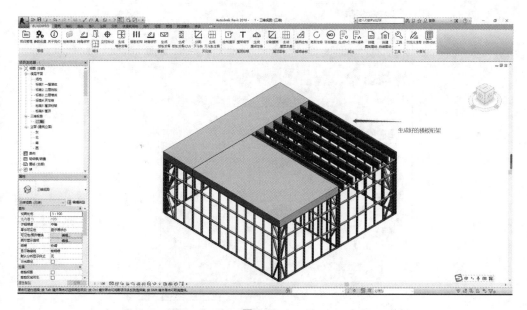

图 5-9

图 5-10

5.3　生成楼板骨架

（1）在三维视图中，点击"生成楼板龙骨"命令，选择要生成骨架的楼板桁架，可多选/框选，选好后点击左上角"完成"，如图 5-11 所示。

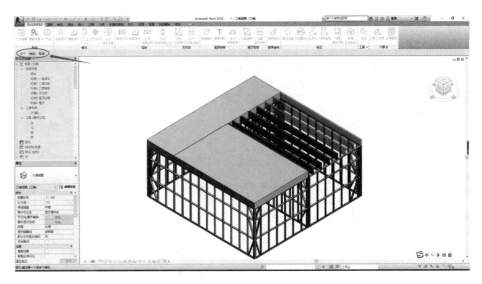

图 5-11

（2）完成操作后，弹出对话框如图 5-12 所示。

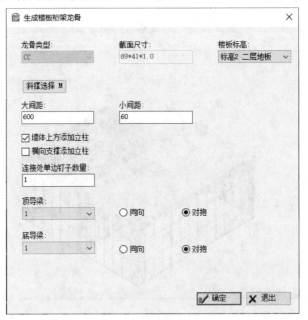

图 5-12

（3）根据实际情况输入对应参数，其中"斜撑选择 M"目前有两种选项可以选择，如图 5-13 所示。

（4）在对话框中完成所有定义之后点击"确定"，将楼板桁架模型转换成楼板桁架骨架，如图 5-14 所示。

课堂练习

将调整好的楼板桁架生成骨架（注：生成骨架的数据根据实际情况来修改）。

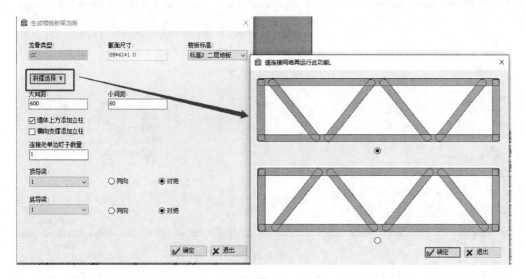

图 5-13

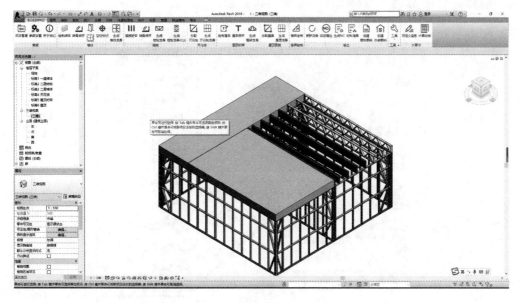

图 5-14

5.4　绘制天花板

（1）在"项目浏览器"中选择"标高 4 天花板"作为当前标高，在选项卡"BUILDIPRO"中点击"工具"，如图 5-15 所示。

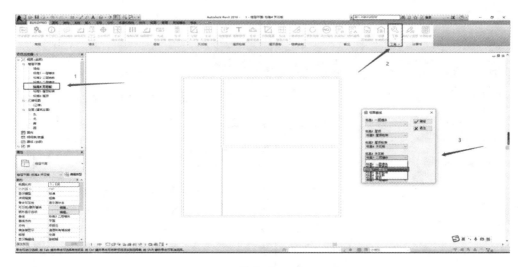

图 5-15

（2）将"工具"下拉后找到"视图基线"，找到相关标高"标高 4 天花板"，下拉选项中选择当前标高之下"标高 3 二层墙体"，如图 5-16 所示。

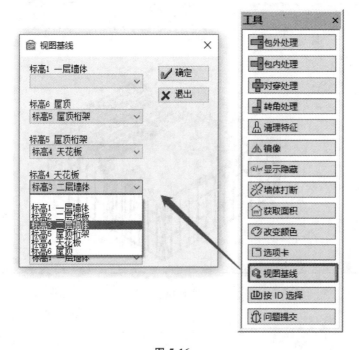

图 5-16

（3）在"建筑"中点击"楼板"进入绘制模式，如图 5-17 所示。注意：天花板和楼板共用一种模型"楼板"。

（4）进入绘制模式之后，在属性栏中选择天花板厚度，在"修改/创建楼层边界"中选择绘制方式，根据左下角提示及参考基线开始绘制轮廓线，完成后点击"✔"即可，如

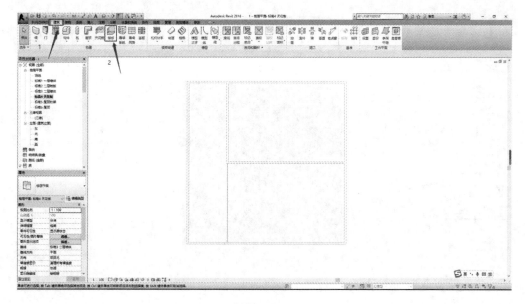

图 5-17

图 5-18所示。

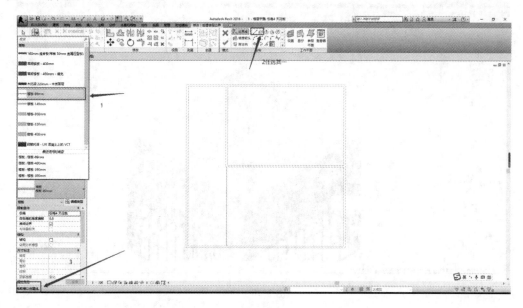

图 5-18

　　(5)模型绘制完成后,需要将重叠的天花板模型与二层墙体模型分离,在属性栏中根据天花板/楼板厚度为偏移高度,修改"自标高的高度偏移"中的数值,如图 5-19 所示。

　　(6)完成上述操作后,天花板模型建立完毕,如图 5-20 所示。

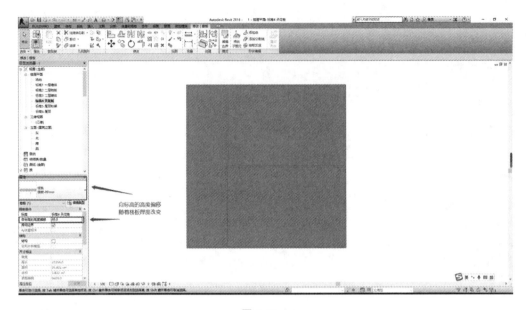

图 5-19

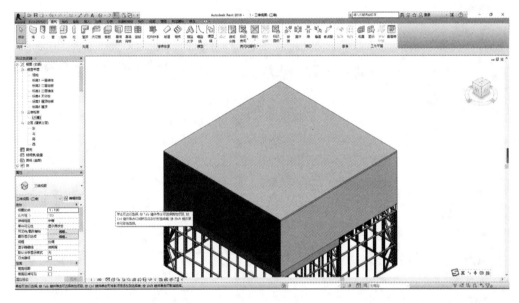

图 5-20

5.5 分割天花板

(1)在三维视图中,"工具"命令里"显示隐藏"中把天花板和屋顶桁架显示出来,是为了分割天花板时更好操作,如图 5-21 所示。

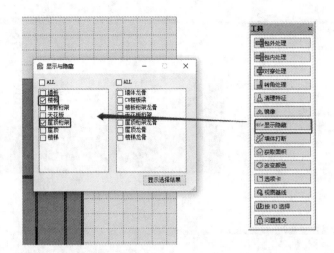

图 5-21

（2）点击"BUILDIPRO"中的"分割天花板"命令，选择一个面，绘制分割线，如图 5-22 所示。

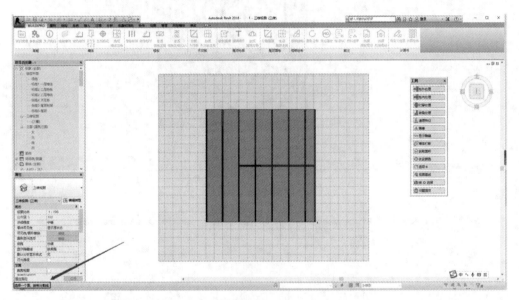

图 5-22

选择"分割天花板面"后，弹出对话框（见图 5-23）。

在对话框中根据房屋的实际情况填写参数，然后点击"确定"，目标放在桁架的正中心，分割线从头拉到尾，如图 5-24、图 5-25 所示。完成后按"Esc"键，按一次即可，继续进行下个天花板分割，以此类推。

（3）分割天花板后，生成天花板骨架。点击"生成天花板龙骨"，选择一个需要生成天花板骨架的面板，如图5-26所示。

图 5-23

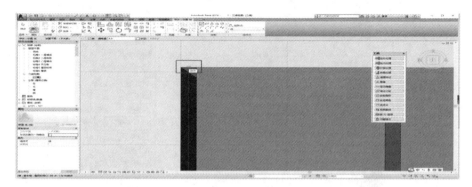

图 5-24

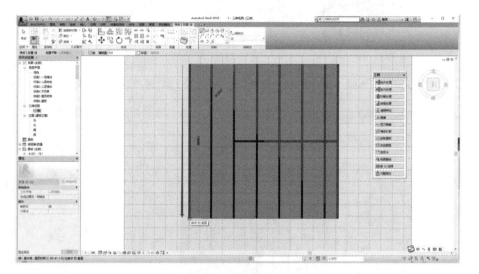

图 5-25

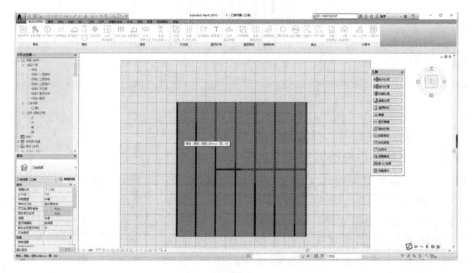

图 5-26

选择面板后,继续选择一条线,用于檩条阵列的方向,如图 5-27 所示。

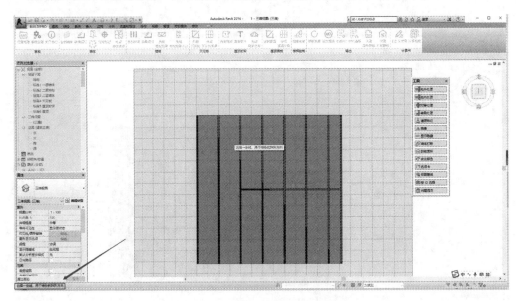

图 5-27

选择线之后,继续选择一个点,用于檩条阵列的起点,如图 5-28 所示。

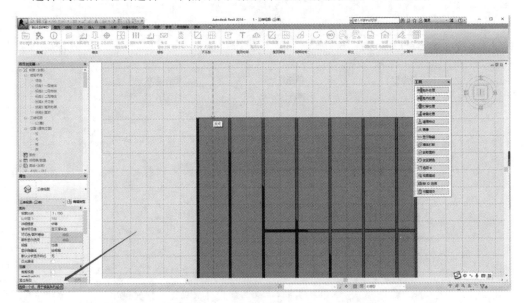

图 5-28

选择檩条阵列的起点后,继续选择一个点,用于椽子阵列的起点,如图 5-29 所示。

选择完毕弹出一个对话框,对话框的参数根据实际情况填写,如图 5-30 所示。

点击"确定"即可生成天花板骨架,生成的天花板骨架与之前分割好的天花板是关联的,如图 5-31 所示。

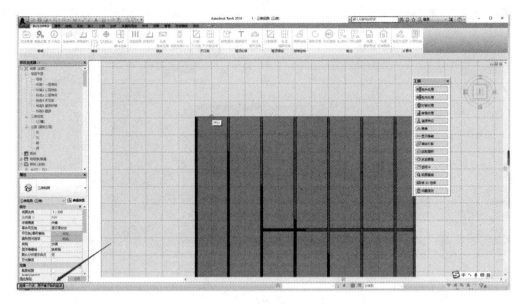

图 5-29

生成天花板龙骨

龙骨类型: 截面尺寸: 屋面标高:
CC   89*41*1.0   标高4 天花板

椽子间距(穿槽):
611

檩条间距(受力杆件):   同一天花板部件间隙
1222   89

☐ 面板边缘直角处添加斜撑

斜撑起始间距:
60

✔ 确定   ✗ 退出

图 5-30

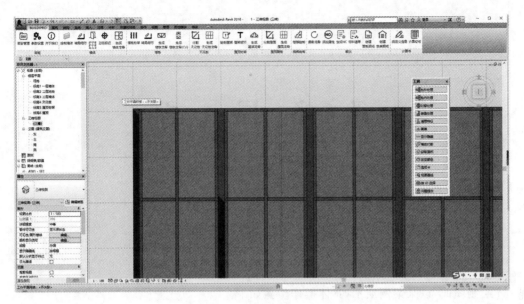

图 5-31

第6章 屋 面

6.1 绘制屋面

绘制屋面,以某案例演示,具体操作步骤如下。

(1)双击"楼层平面"中的"标高 6 屋顶"后(注意选择设置好的屋顶标高,而不是天花板平面标高),在"建筑"中找到"屋顶",点击图标进入绘制屋顶模式,如图 6-1 所示。

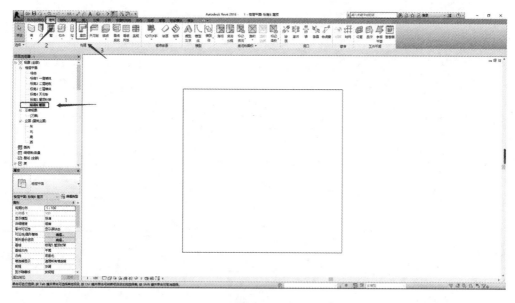

图 6-1

(2)进入模式后,软件将自动切换至"修改/创建屋顶边线"选项卡,在选项卡中找到"边界线"并选择合适的绘制方式,如直线、矩形等。

(3)在选项栏中根据实际情况将"悬挑"设置成当前项目的合理参数,如图 6-2 所示。

(4)选择起点后绘制屋顶轮廓线,一般采用"拾取线"工具绘制,注意要根据图纸数据设置悬挑数值。如图 6-3、图 6-4 所示。

(5)根据图纸可以修改屋面坡度,点击目标线条,在"属性"中更改坡度,如图 6-5 所示。

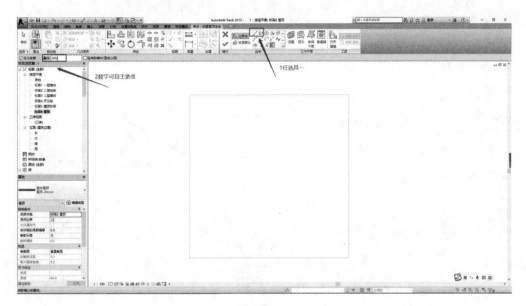

图 6-2

图 6-3

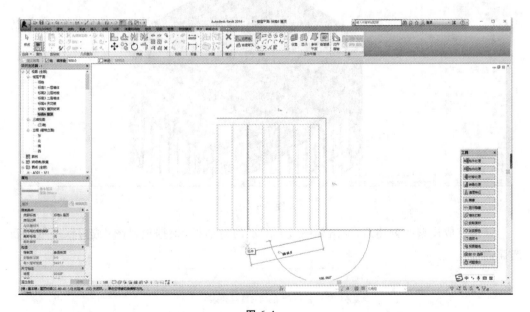

图 6-4

（6）核对参数后点击""完成模型的创建（最好根据实际情况选择着色显示），如图
6-6 所示。

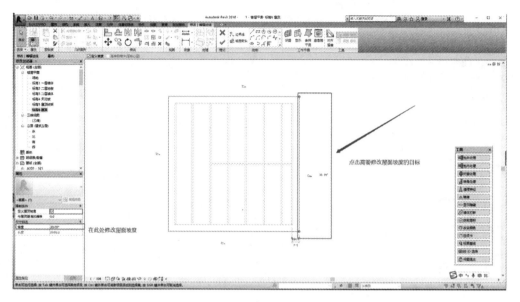

图 6-5

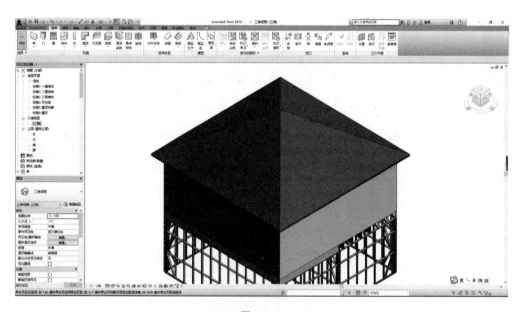

图 6-6

点击完成模型的创建后,弹出如图 6-7 所示的对话框,根据项目图纸选择(一般情况选择否)。

图 6-7

(7)完成后查看模型,当无法查看完整模型时,需要在"属性"菜单下调整视图范围,如图 6-8 所示。

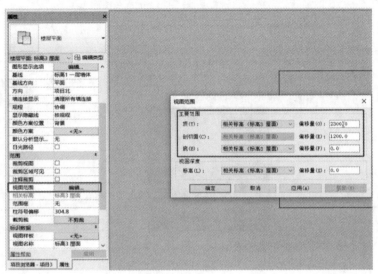

图 6-8

6.2 分 割 屋 面

(1)将"BUILDIPRO"中的"建筑"里的"显示"网格线打开,是为了分割屋面时方便找到分割点,打开网格线后的效果如图 6-9 所示。

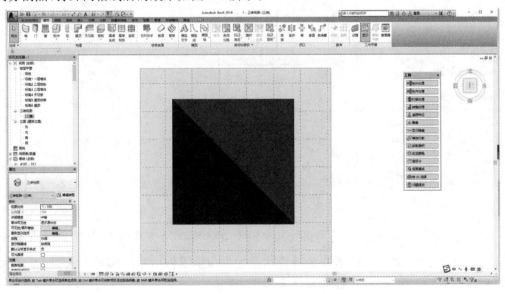

图 6-9

（2）打开网格线后,网格线的数值可根据具体情况改变。第一步选择网格线,第二步在"间距"中修改参数,网格线仅供参考,如图 6-10 所示。

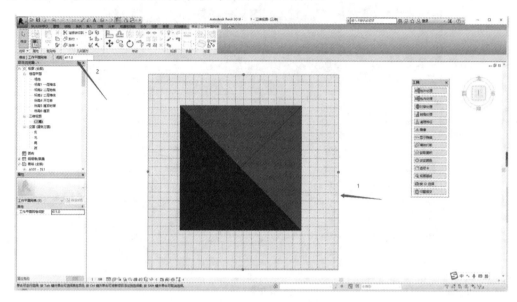

图 6-10

（3）在操作之前,为了方便区分,可将"着色"改为"线框",如图 6-11 所示。

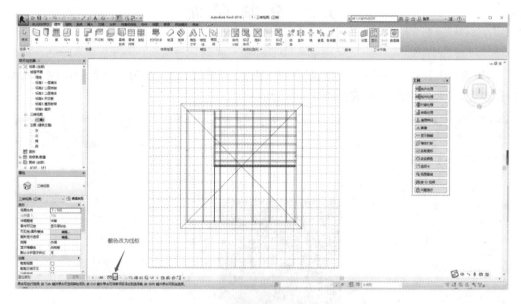

图 6-11

（4）在分割屋面之前需要将网格线和房屋模型对齐,对齐方式如下:先选中网格线,再点击"修改"中的"✛"命令,将距离墙体任意一个角最近的网格线点与墙体的一个角重叠,网格线需要包围住模型,如图 6-12、图 6-13 所示。

在进行操作时,移动网格线时若发现只能上下移动、不能左右移动时,去除"约束"命

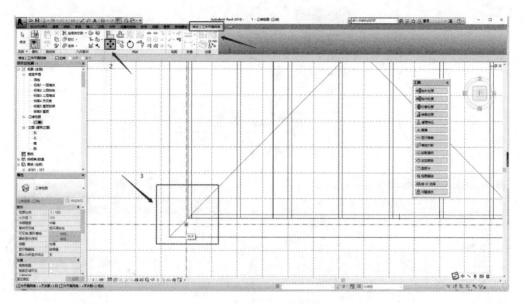

图 6-12

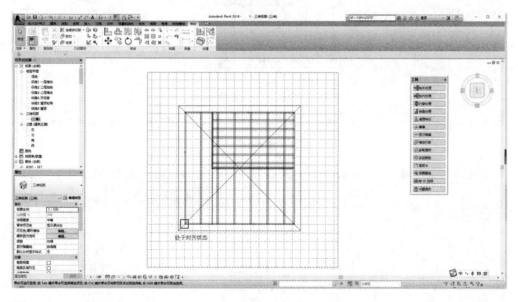

图 6-13

令即可。

(5)在"BUILDIPRO"中"分割屋面",首先获取屋面,弹出对话框后输入屋面阴阳角处预留间隙及屋面分割处的预留缝隙,单位为"mm",如图 6-14 所示。完成后点击"确定",如图 6-15 所示。

(6)分割屋面时应点击分割线,可根据屋面长度来进行分割,注意从直线处垂直分割,分割后按"Esc"键退出,如图 6-16～图 6-19 所示。

图 6-14

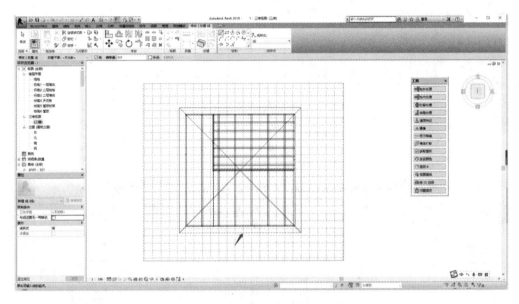

图 6-15

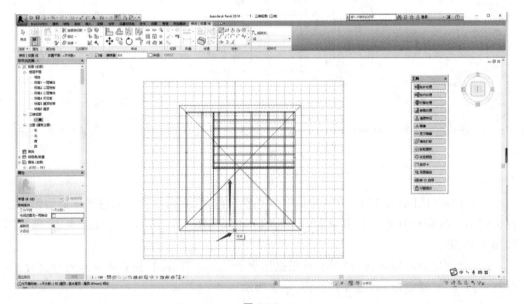

图 6-16

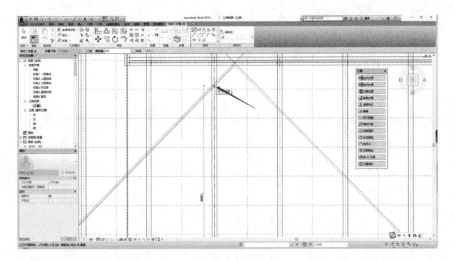

图 6-17

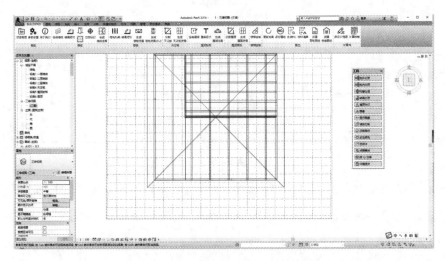

图 6-18

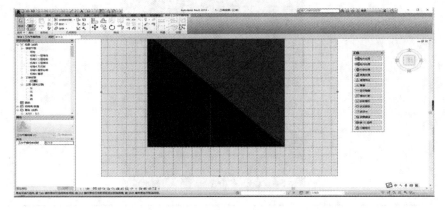

图 6-19

6.3 绘制屋架

(1)在绘制屋架之前,为了方便区分可将"着色"改为"线框",如图 6-20 所示。

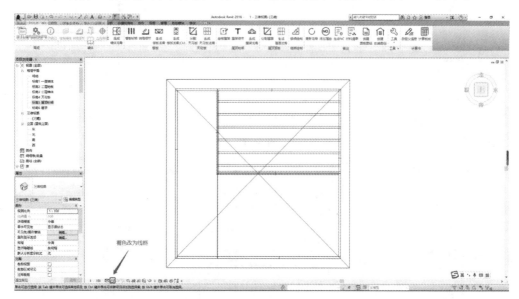

图 6-20

(2)在三维视图中点击"绘制屋架"命令,系统将自动转为俯视图,如图 6-21 所示。

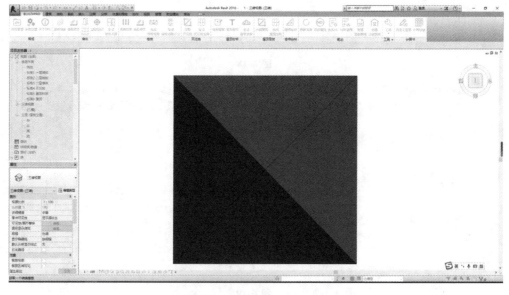

图 6-21

（3）根据左下角提示"获取一个转换楼板"，选择天花板模型，再根据左下角提示"请选择楼板边缘作为龙骨阵列方向"，选择屋顶桁架阵列的方向，根据左下角提示"请选择第一榀桁架放置点"，点击左键放置屋架阵列起始点，操作原理同楼板桁架。一般选择横墙一端为桁架宽度起点，另一端为终点。

（4）选择好后，弹出对话框如图 6-22 所示。

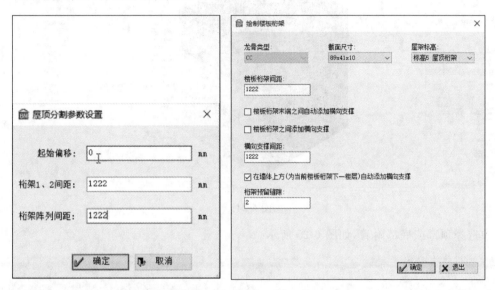

图 6-22

（5）在对话框中填入所需的数据，点击"确定"即可，生成的屋架如图 6-23 所示。

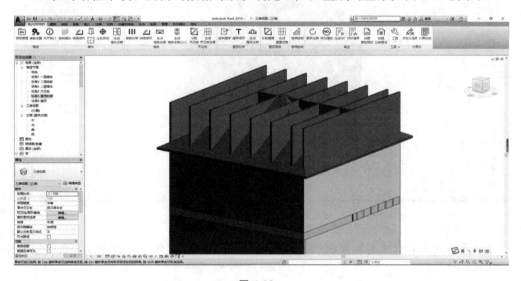

图 6-23

（6）此时屋架形状均为矩形，选中任意一榀屋架，点击"选择全部实例"→"在视图中可见"，即可选中所有屋架，如图 6-24 所示。

（7）选中后，在"修改|墙"命令栏中选择"附着顶部/底部"命令，接着在"附着墙"选项

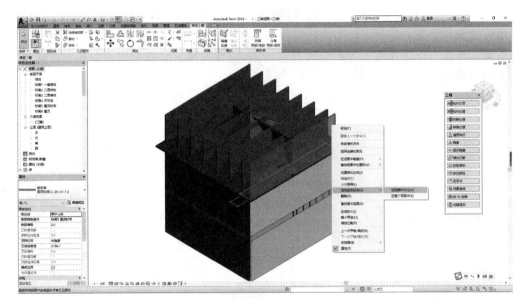

图 6-24

栏中选择顶部或底部附着,如图 6-25 所示。

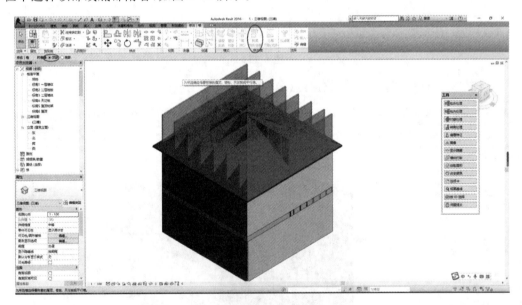

图 6-25

(8)选择完毕后点击目标屋面/天花板/地板等模型即可,如图 6-26 所示,至此屋面桁架模型创建完成。

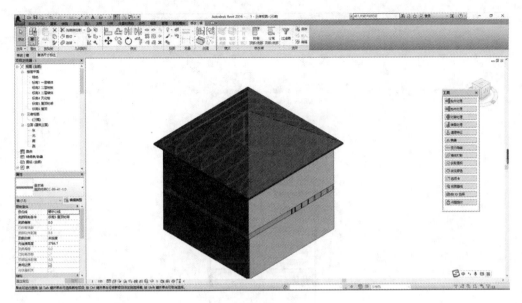

图 6-26

6.4　生成屋面骨架

生成屋面骨架步骤是先获取屋面,然后根据需要分割屋面,最后生成屋面骨架。具体操作如下。

(1)在三维视图界面中,选择"获取屋面"命令,在视图左下角会提示该命令的下一步操作,点击目标图元,会显示如图 6-27 所示虚线框,该虚线框称为模型组。同时会显示线框,该线框是软件所识别出的屋面骨架边框。

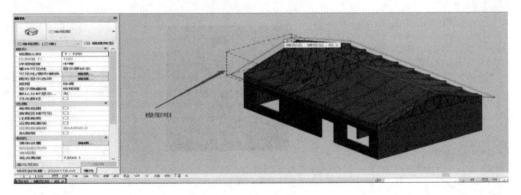

图 6-27

(2)在进行分割屋面操作之前,首先要在"建筑"功能卡下进入"模型线"命令(见图 6-28),设置线样式为 BM 分割线(见图 6-29),按"Esc"键退出,进行下一步操作。

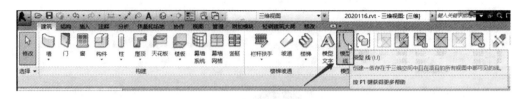

图 6-28

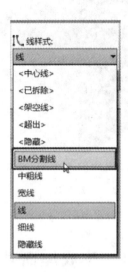

图 6-29

（3）在三维视图中，点击"分割屋面"命令，选择一个面（模型组），绘制分割线，如图 6-30所示。

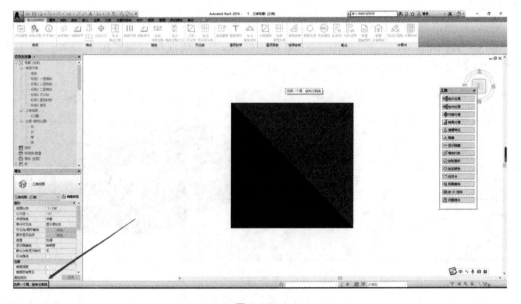

图 6-30

(4)请输入屋面阴阳角处及屋面分割处的缝隙预留，单位为"mm"，点击"确定"，如图 6-31 所示。

图 6-31

(5)系统判定的边界显示效果如图 6-32 所示。

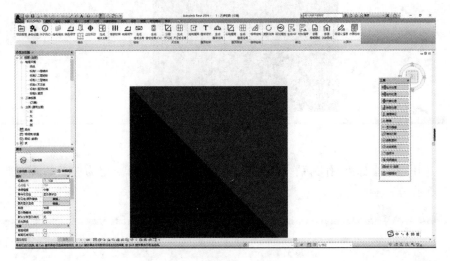

图 6-32

(6)点击"生成屋面龙骨"命令，选择要生成骨架的屋面模型组，如图 6-33 所示。

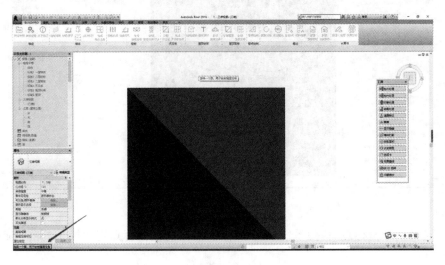

图 6-33

(7)选择一条边线,作为系统参考依据,目的是将此边线的方向定为檩条的阵列方向,如图 6-34 所示。

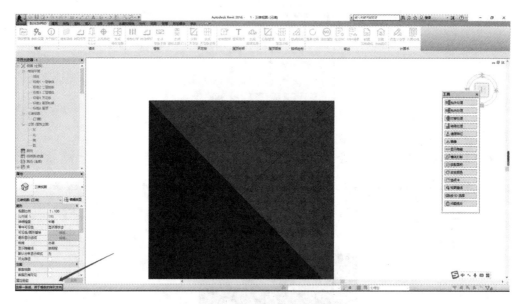

图 6-34

(8)选择一个坐标点,作为系统参考依据,目的是将此坐标点定为檩条的阵列起点,如图 6-35 所示。

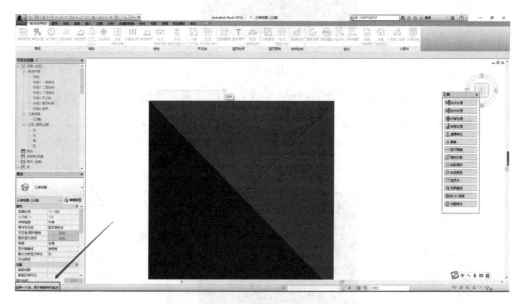

图 6-35

(9)选择一个坐标点,作为系统参考依据,目的是将此坐标点定为椽子的阵列起点,如图 6-36 所示。

(10)根据规范要求输入各项参数,如图 6-37 所示。

图 6-36

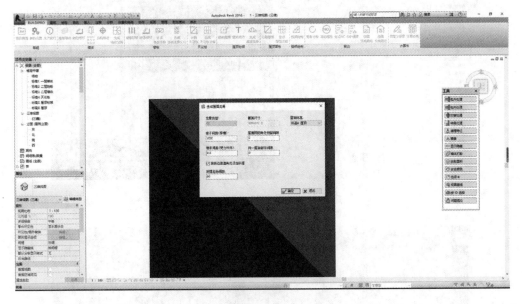

图 6-37

(11)完成屋面骨架的生成,如图 6-38 所示。

(12)骨架的移动。双击模型组进入编辑界面,生成好的骨架图元将会变色(见图 6-39)。选择修改功能下的移动命令"⊕",框选目标,将骨架移动到对应墙体中线位置,以保持屋面和墙面骨架互相支撑,形成整体受力结构(见图 6-40)。

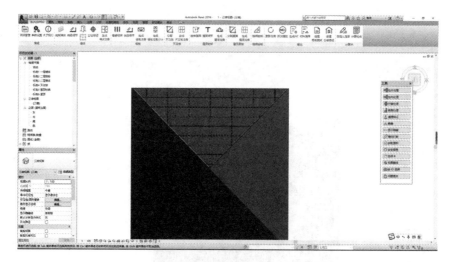

图 6-38

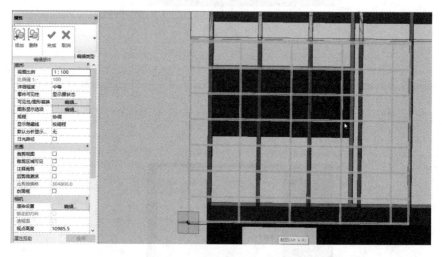

图 6-39

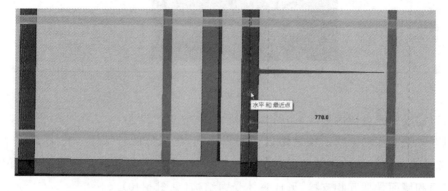

图 6-40

6.5　生成屋架龙骨

（1）在三维视图中，运行"生成屋架龙骨"命令，选择要生成骨架的屋架，可多选，如图 6-41 所示。

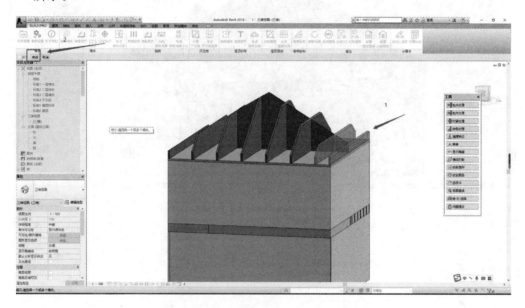

图 6-41

（2）选中屋架后，点击"完成"，弹出对话框，如图 6-42 所示。

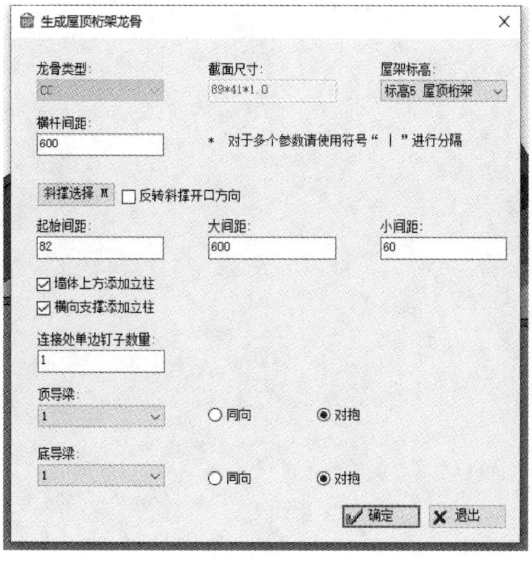

图 6-42

（3）在对话框中填入骨架基本参数后，点击"确定"即可。生成好的屋架骨架如图6-43所示。

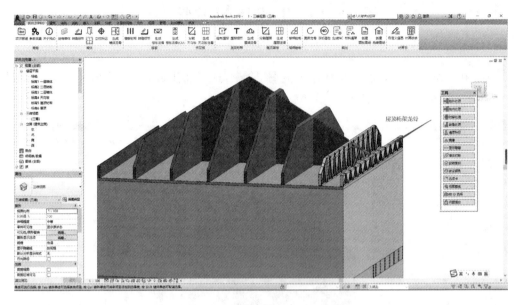

图 6-43

第7章 楼 梯

7.1 绘 制 楼 梯

（1）点击"建筑"命令后继续点击"楼梯"命令，如图7-1所示。

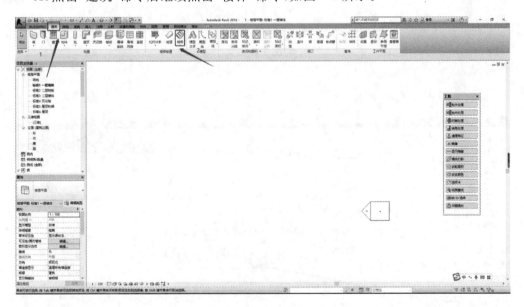

图 7-1

（2）点击命令后进入楼梯轮廓线绘制模式，如图7-2所示。

（3）在选项栏中输入"实际楼梯宽度"数值，在属性栏中可以修改梯面数和实际踏步深度，可以点击"编辑类型"在对话框中更改"梯段类型"，如图7-3所示。

（4）修改完参数后，在选项卡"修改/创建楼梯"中选择构件形式即可绘制楼梯，如图7-4所示。

（5）绘制完成后点击"模式"命令完成创建模型的操作，可跳转至三维视图中查看模型，如图7-5所示。

图 7-2

图 7-3

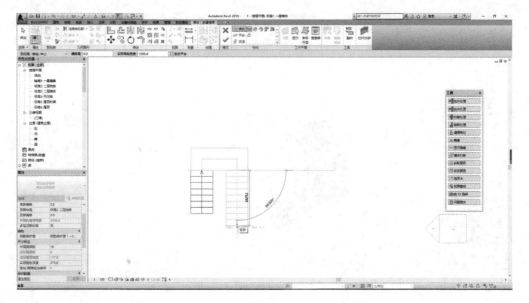

图 7-4

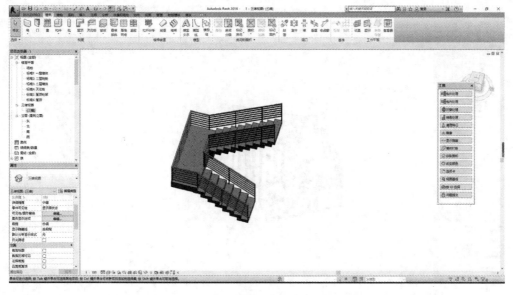

图 7-5

7.2　生成楼梯骨架

（1）点击"楼梯绘制"命令后选中楼梯模型，点击选项栏左上角"完成"，如图 7-6 所示。

（2）根据实际情况输入参数后，点击"确定"命令后即可生成楼梯骨架，如图 7-7 所示。

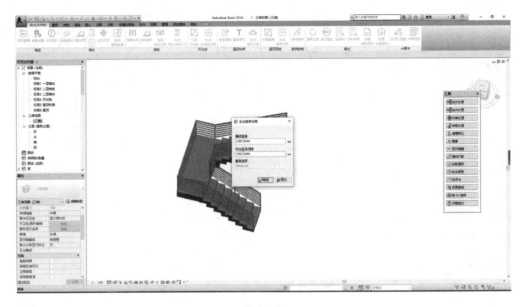

图 7-6

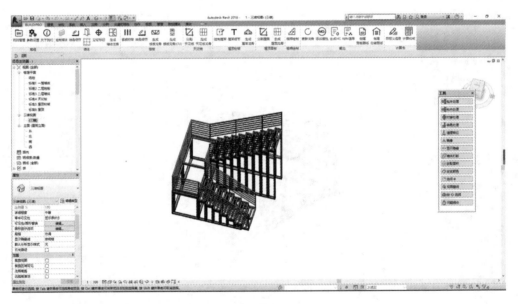

图 7-7

第8章　房屋骨架调整

8.1　更新骨架及添加属性

（1）在三维视图中运行"更新龙骨"命令，如图8-1所示。

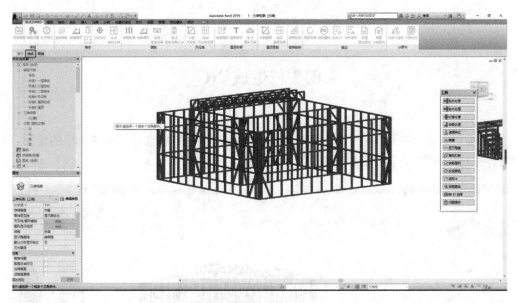

图 8-1

（2）选择待更新的骨架，可单选/框选，选取后点击"完成"即可。更新骨架的目的是协助结构设计师初步核对建模合理性并给予警告提示，提高数据的精准度（更新骨架功能并不具备结构受力验算功能）。

（3）校对骨架结束后，点击"添加属性"，为每个面板上的骨架属性中添加编号，编号可自定义，如图8-2所示。

注意："自定义信息""计算校核"等命令是软件的部分功能，之后版本会陆续添加。

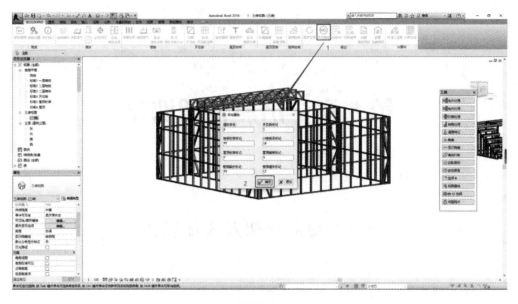

图 8-2

8.2 生成 NC

骨架属性编号完毕后,在三维视图中运行"生成 NC"命令,选择要生成 NC 的骨架,可单选/框选,选择后点击"完成"即可,如图 8-3 所示。

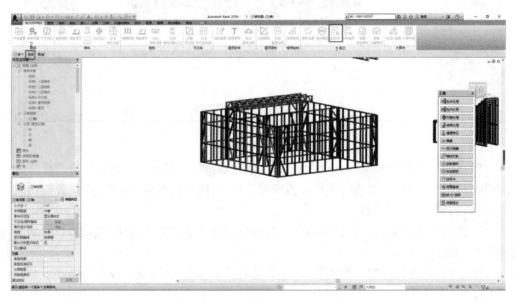

图 8-3

生成的 NC 均存储在项目文件所在位置的 NC 文件夹中,并予以分类,如图 8-4 所示。

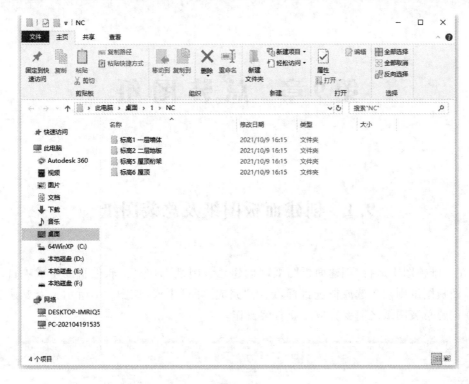

图 8-4

第9章 总装图纸

9.1 创建面板图纸及总装图纸

在三维视图中运行"创建面板图纸""创建总装图纸"命令后,软件自动生成项目总装图纸,面板图纸则须多选或框选目标,点击"完成"即可生成,如图 9-1 所示。需要注意的是,在创建总装图纸之前要完成更新骨架操作。

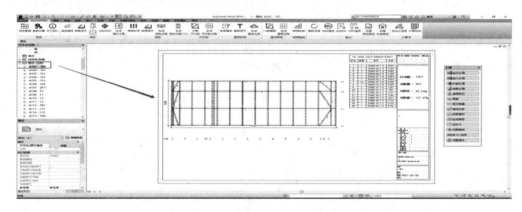

图 9-1

9.2 显示及隐藏图元

(1)在"工具"中找到"显示隐藏"命令,如图 9-2 所示。

(2)对话框中勾选目标后,点击"显示选择结果"即可达到显示效果,不勾选则为隐藏,如图 9-3 所示。

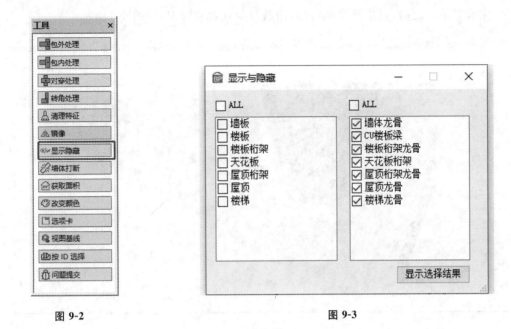

图 9-2　　　　　　　　　　　　　　　　　　图 9-3

9.3　骨架绘制工具

（1）包外工具的使用，第一步点击"工具"中的"包外处理"命令，此时界面处于灰色界面，如图 9-4 所示。

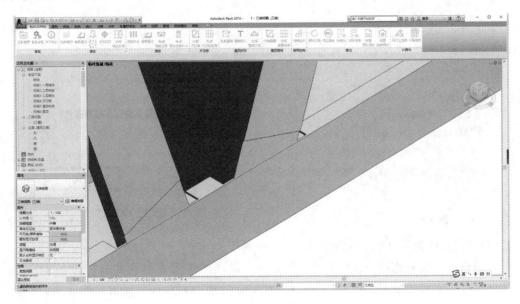

图 9-4

完成第一步之后,点击横骨架,再点击斜骨架或者竖骨架,如图 9-5 所示。

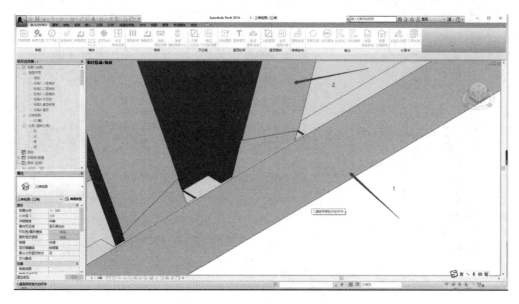

图 9-5

操作完成后点击"完成"命令弹出对话框,末端形状根据骨架之间的角度来判断选择"垂直"或"倒角"(见图 9-6),末端间隙按需填写,完成操作后点击"确定"命令,弹出一个提示框(见图 9-7),点击"取消"即可,如图 9-8 所示。

图 9-6   图 9-7

包外前后的效果如图 9-9 所示。

(2)包内工具的使用与包外工具使用步骤一样,包内前后的区别如图 9-10 所示。

(3)对穿工具的使用。点击"工具"里的"对穿处理"命令,选择要被穿的骨架,然后选择另一根骨架,如图 9-11 所示。

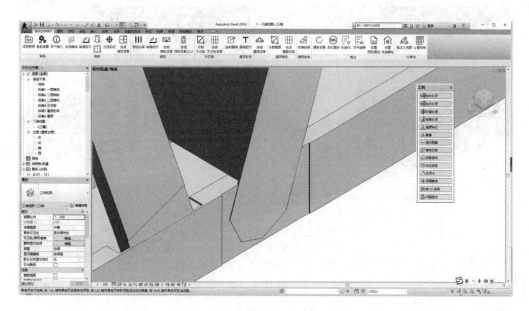

图 9-8

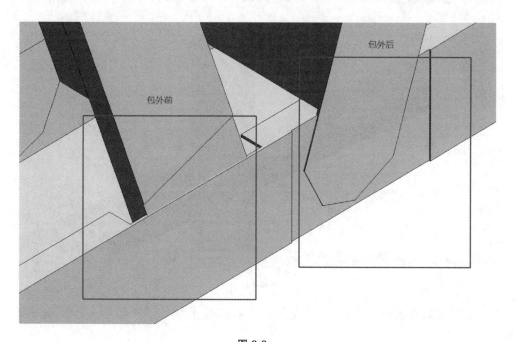

图 9-9

选择完毕后点击"完成"命令,如图 9-12 所示。

点击"完成"后弹出对话框(见图 9-13),按"确定"弹出提示(见图 9-14),点击"取消"命令即可完成操作,如图 9-15 所示,可以看出横骨架是被穿槽的。

(4)转角工具的使用。转角处理是将骨架的转角进行对调,点击"工具"里的"转角处理"命令,点击需要转角的两根骨架,如图 9-16 所示。

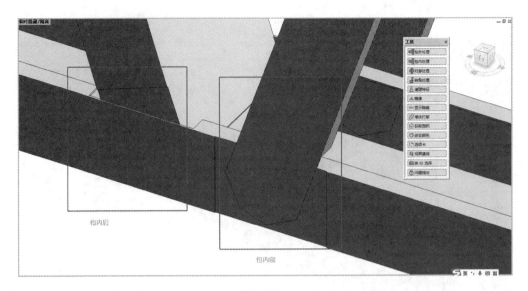

图 9-10

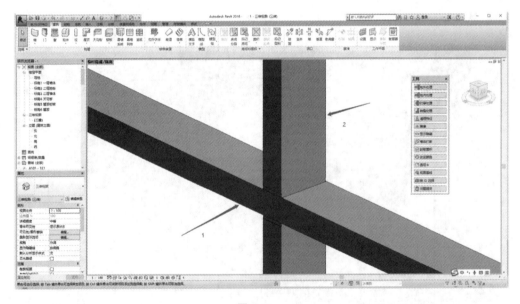

图 9-11

点击骨架后弹出对话框，点击"确定"弹出提示，点击"取消"即可完成操作，如图 9-17 所示。

转角后的对比图如图 9-18、图 9-19 所示。

(5)清理特征。将骨架删除后还残留骨架特征将会导致更新骨架时报错，此时应点击 "工具"里的"清理特征"命令来清理，如图 9-20 所示。

左下角弹出"本次删除图元后，共产生无效特征 80 个，请点击工具→清理特征"，如图 9-21 所示。

此时按照提示点击"工具"里的"清理特征"命令，如图 9-22 所示。清理特征之后弹出

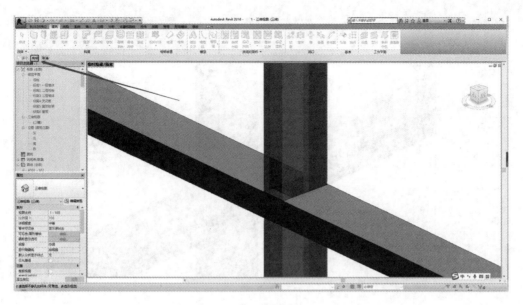

图 9-12

图 9-13

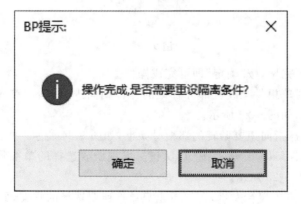

图 9-14

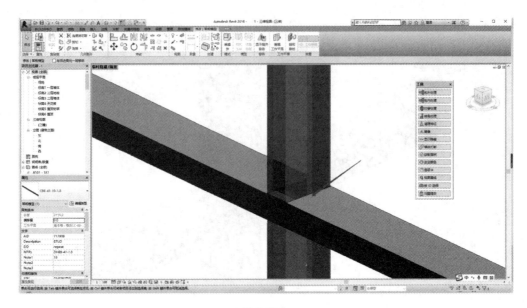

图 9-15

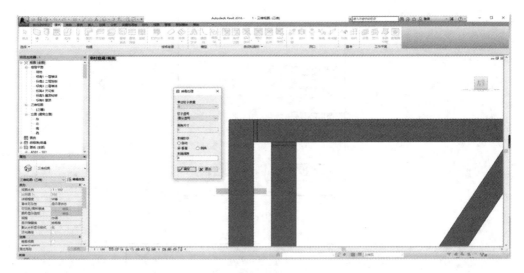

图 9-16

提示,代表清理特征完毕,按"确定"即可完成操作。

（6）镜像是指对单根骨架或者部分骨架的开口朝向进行调转,首先选中骨架,但发现不能选择单根骨架,如图 9-23 所示。

此时将鼠标光标指向想要调转的那根骨架上,如图 9-24 所示。

鼠标光标指向骨架即可,然后按"Tab"键。发现所要选择的单根骨架上有标识,而其他的骨架没有,如图 9-25 所示。

按"Tab"键后,点击鼠标左键,可以看出只单选所要选择的骨架,如图 9-26 所示。

这时点击"工具"里的"镜像"命令,接着点击选中的单根骨架,骨架的朝向会发生改变,如图 9-27 所示。

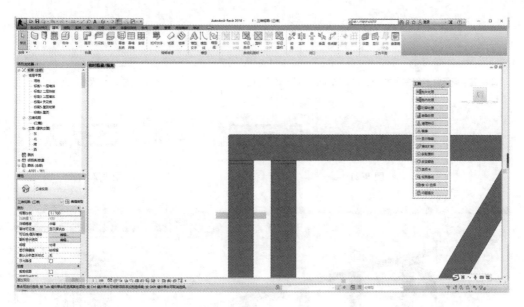

图 9-17

图 9-18　　　　　　　　　　　　　　　　　图 9-19

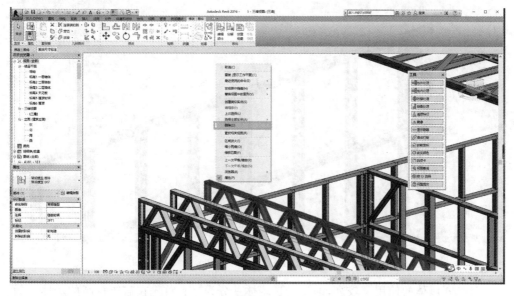

图 9-20

×

本次删除图元后,共产生无效特征:80个,请点击 工具>清理特征.

成功清理 80 个无效特征

确定

确定

图 9-21   图 9-22

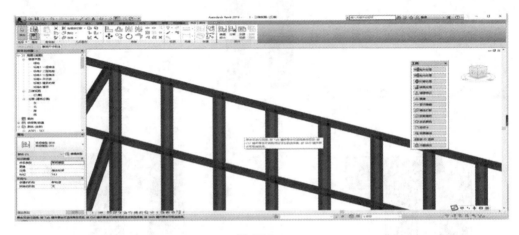

图 9-23

图 9-24

（7）打断墙体的使用率较高,即将过长墙体一分为二。首先在需要打断的墙体上做一条辅助线,点击"建筑"里的"模型线"命令,在墙体需要打断的地方垂直做一条辅助线,画

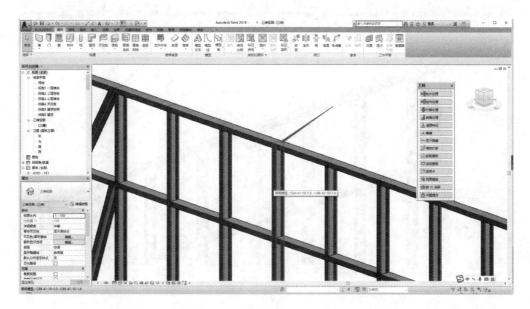

图 9-25

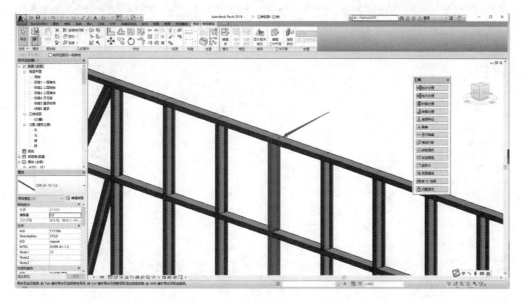

图 9-26

好后按键盘上的"Esc"键退出即可,如图9-28所示。

做好辅助线后,点击"工具"里的"墙体打断"命令,点击辅助线,再点击墙体,如图 9-29
所示。

完成后,点击"完成"命令弹出对话框(见图 9-30),数值按实际情况填写。

点击"确定"命令完成打断墙体操作,如图 9-31 所示。

(8)获取面积,即一键获取墙体的面积。在二维画面里画一个 3 m×3 m 的墙体,获取

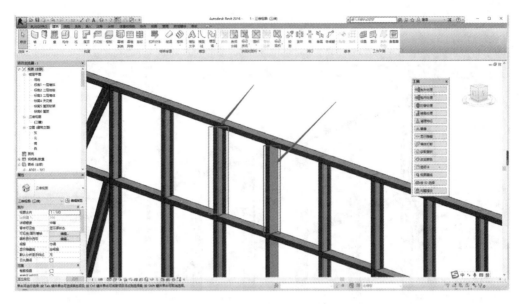

图 9-27

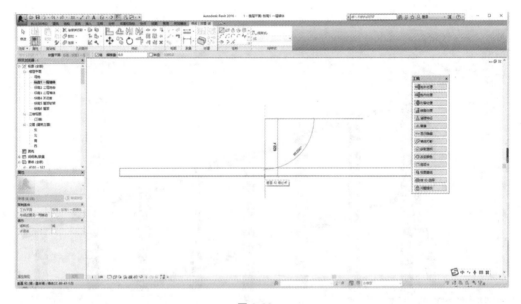

图 9-28

面积时转换到三维里，如图 9-32 所示。

点击"工具"里的"获取面积"命令，接着点击需要获取面积的墙体即可获取面积，如图 9-33 所示。

(9)改变颜色，可以改变骨架的颜色，颜色可根据自己的喜好来改变。点击骨架，接着点击"工具"里的"改变颜色"命令，弹出对话框，如图 9-34 所示，根据个人喜爱来改变颜色，在"自定义"中选择颜色，在"规定自定义颜色"中可以更改颜色，如图 9-35 所示。

最后点击"确定"完成操作，如图 9-36 所示。

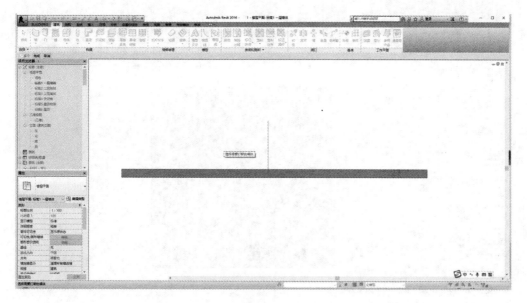

图 9-29

图 9-30

图 9-31

图 9-32

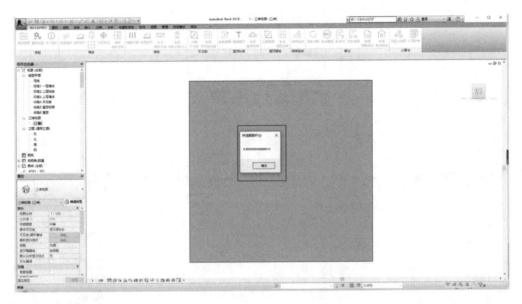

图 9-33

(10)视图基线,是在画模型时为了参考而用。当要画二层墙体时,为了参考,在视图基线中打开一层墙体,首先点击二层墙体,此时可以看到画面中只有二层地板,如图9-37所示。

点击"工具"中的"视图基线"命令弹出对话框,如图9-38所示,

找到需要添加基线的二层墙体,下拉二层墙体,找到一层墙体,完成操作后,按"确定"完成操作,如图9-39所示。

此时二层楼板依然存在,一层墙体没有显示出来,这时可以将二层楼板进行隐藏,点

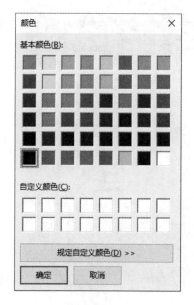

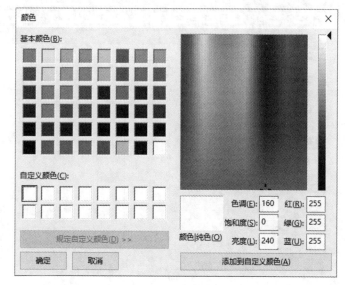

图 9-34　　　　　　　　　　　　　图 9-35

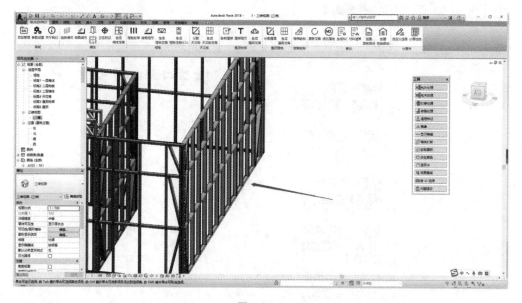

图 9-36

击楼板，按"Ctrl"键可多选，如图 9-40 所示。找到"在视图中隐藏＞图元"命令，点击即可
隐藏，如图 9-41 所示。

　　隐藏好后，可以看到一层墙体的基线显示出来，此时一层墙体显示的是灰色形态，代
表一层墙体不能进行任何操作，可以对比这一层墙体绘制二层墙体，如图 9-42 所示。

　　(11)按 ID 选择是在更新骨架时弹出报错 ID，用此功能来查找骨架的错误，首先更新
骨架，在三维里点击"BUILDIPRO"中的"更新龙骨"，单选或者框选骨架，选完后点击"完

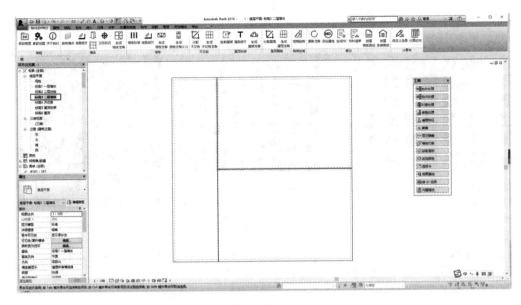

图 9-37

标高1 一层墙体

标高6 屋顶
标高5 屋顶桁架

标高5 屋顶桁架
标高4 天花板

标高4 天花板
标高3 二层墙体

标高3 二层墙体
标高1 一层墙体

标高2 二层地板
标高1 一层墙体

视图基线

✔ 确定

✘ 退出

图 9-38

成",开始更新,如图 9-43 所示。

更新结束后弹出报错的提示,如图 9-44 所示。

点击"确定",保留该提示,如图 9-45 所示。

此时需要复制提示中的 ID 号来进行查找,如图 9-46 所示。

复制后点击"工具"中的"按 ID 选择"命令,如图 9-47 所示。

点击"确定"系统自动跳转到有问题的骨架,如图 9-48 所示。

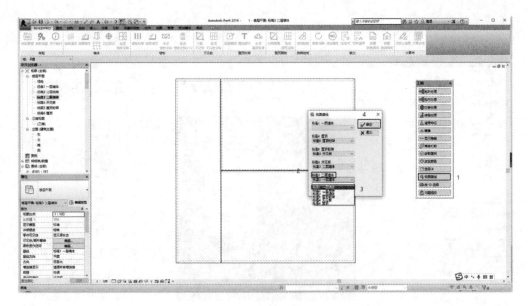

图 9-39

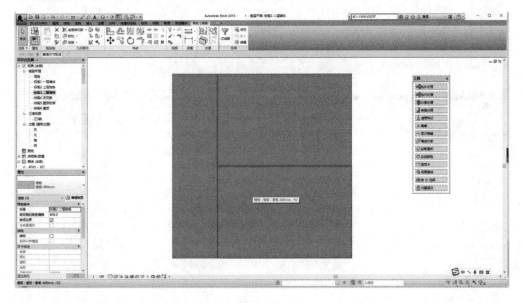

图 9-40

此时可以看到有问题的骨架有着重标识，可以查找错误，如图 9-49 所示。

可以看到竖骨架的节点没有与横骨架处于中线上，修改后如图 9-50 所示。

修改完所有的错误，必须再一次更新骨架。

（12）问题提交。在项目进行中发现问题，可通过"问题提交"提交给技术人员，点击"工具"中的"问题提交"命令，弹出对话框，如图 9-51 所示。

在对话框中，描述问题可以选择截图，在提交问题前记得先保存项目再进行提交，最后点击"确定"，便可提交给技术人员查找问题。

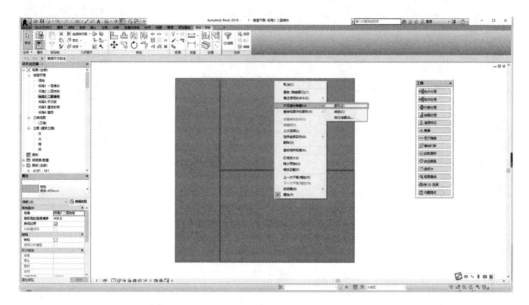

图 9-41

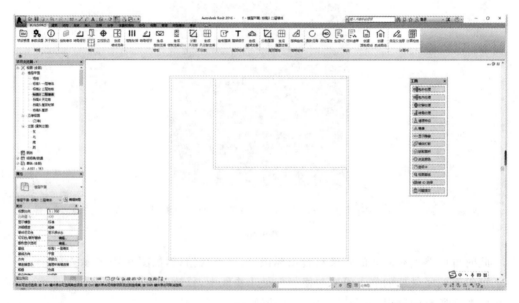

图 9-42

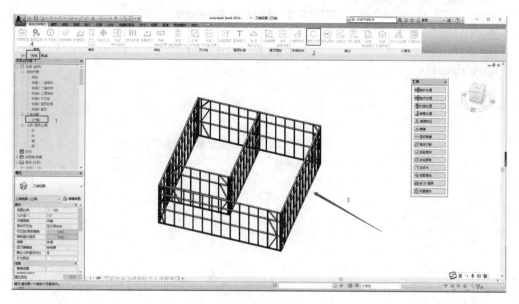

图 9-43

BP提示：　　　　　　　　　　　　　　　　　　　　　　　　　　✕

　图元ID:717722,717702,此处有龙骨立柱被开槽，请检查后决定是否需要二次修
改!
　图元ID:717702,717744 已经重叠!

　耗时:8.7186832 s

　点击确定可以复制内容,使用[工具]>[按ID选择],同时输入两个ID号可以查看!

确定　　　　　取消

图 9-44

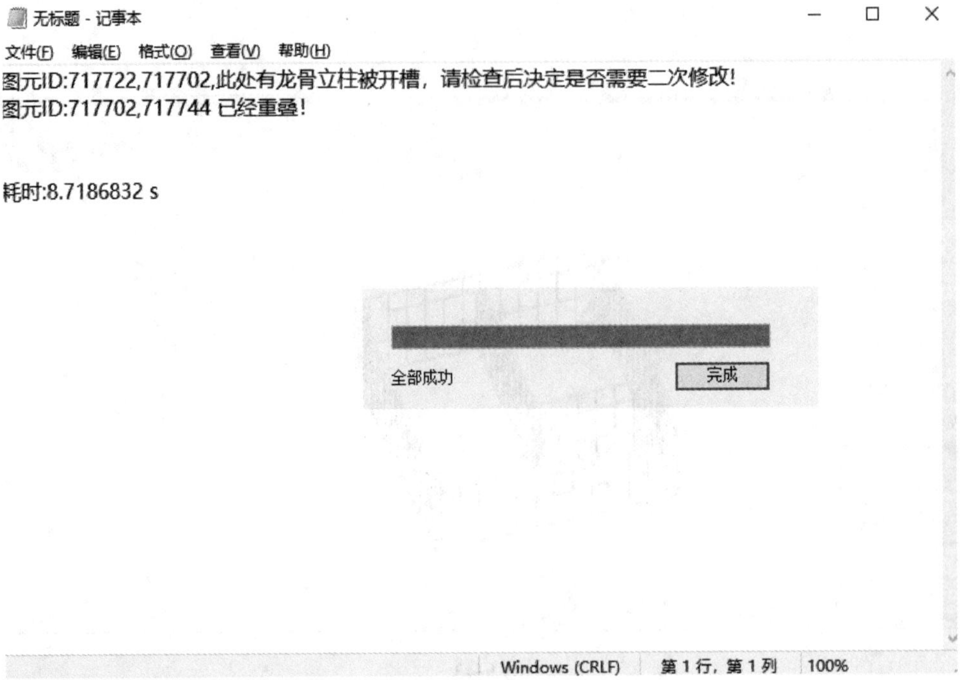
无标题 - 记事本
文件(F) 编辑(E) 格式(O) 查看(V) 帮助(H)
图元ID:717722,717702,此处有龙骨立柱被开槽，请检查后决定是否需要二次修改!
图元ID:717702,717744 已经重叠!
耗时:8.7186832 s
全部成功
完成
Windows (CRLF)
第 1 行，第 1 列
100%

图 9-45

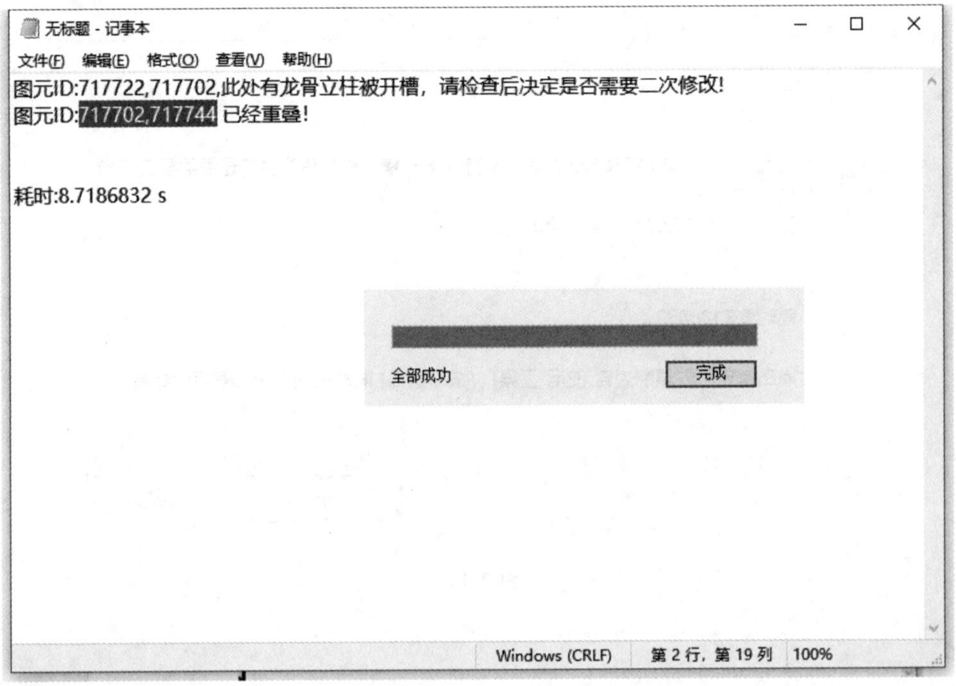
无标题 - 记事本
文件(F) 编辑(E) 格式(O) 查看(V) 帮助(H)
图元ID:717722,717702,此处有龙骨立柱被开槽，请检查后决定是否需要二次修改!
图元ID:717702,717744 已经重叠!
耗时:8.7186832 s
全部成功
完成
Windows (CRLF)
第 2 行，第 19 列
100%

图 9-46

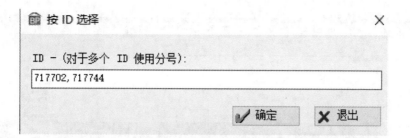

图 9-47

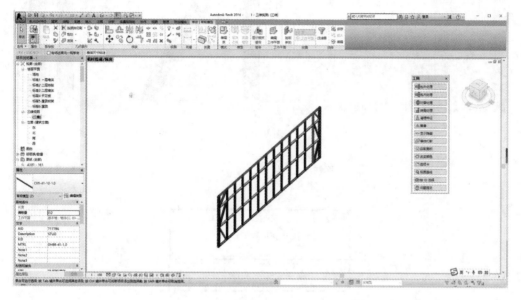

图 9-48

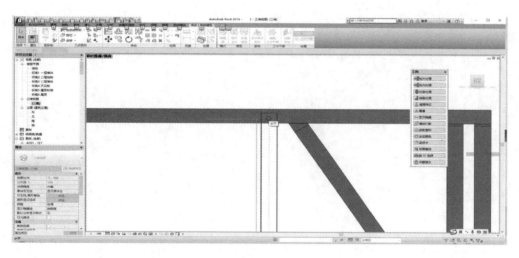

图 9-49

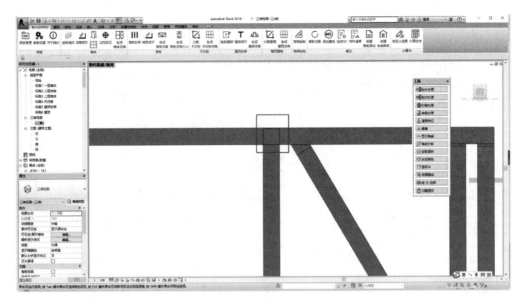

图 9-50

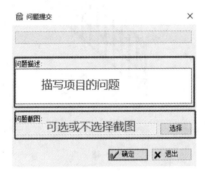

图 9-51

第10章 材料清单

（1）在三维视图中选择"材料清单"命令后，选中要生成材料清单的骨架模型，如图10-1所示。

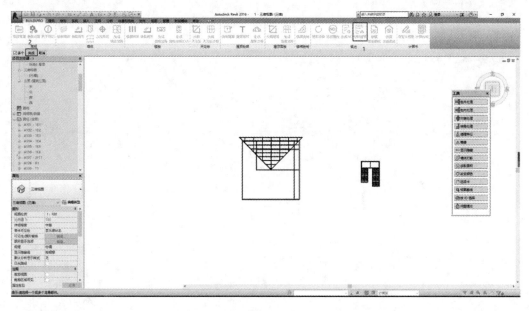

图 10-1

（2）选择完毕后，点击"完成"，系统会自动生成"材料清单"，并将其保存于项目文件所在位置的"材料清单"文件夹中，生成好的材料清单如图10-2所示。

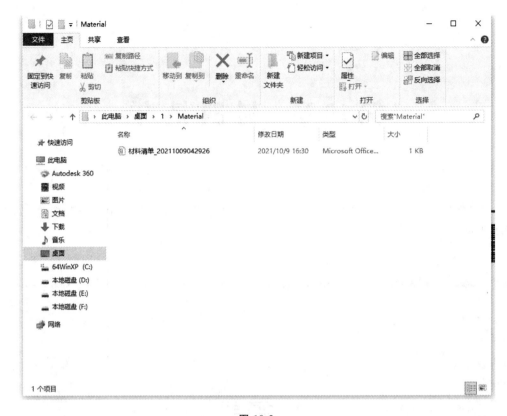

图 10-2

第11章 案 例 练 习

(1)根据图 11-1～图 11-8 所示户型图纸,完成建模、生成龙骨及图纸等操作。

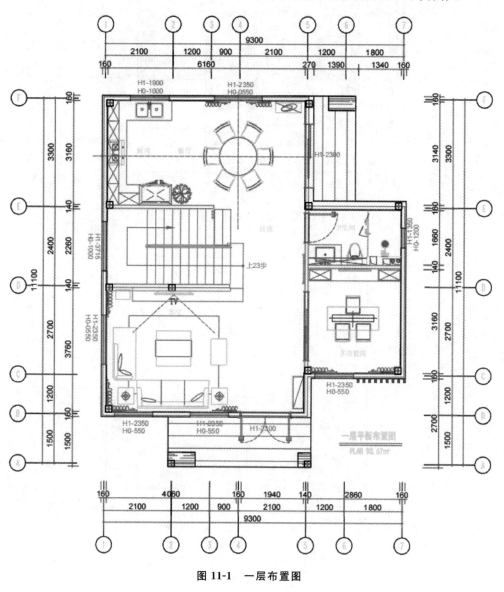

图 11-1　一层布置图

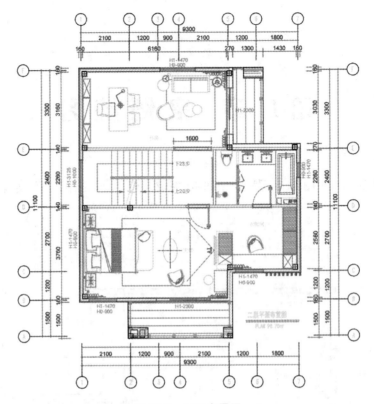

图 11-2　二层布置图

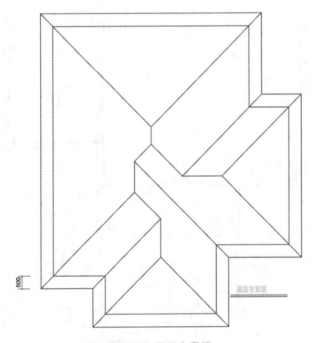

图 11-3　屋面布置图

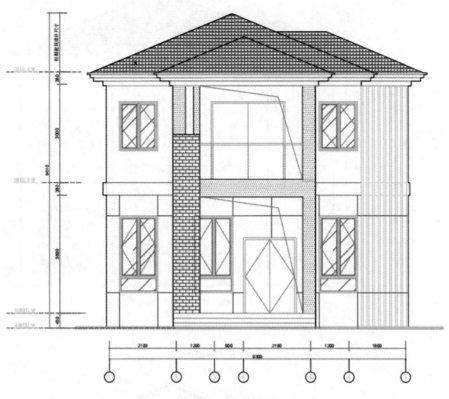

图 11-4　正视图

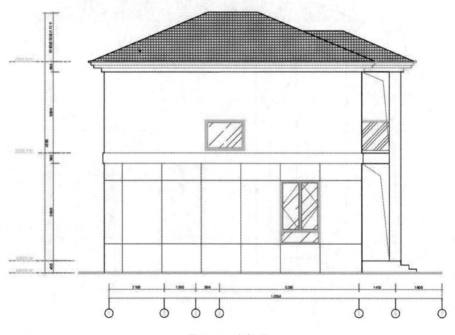

图 11-5　左视图

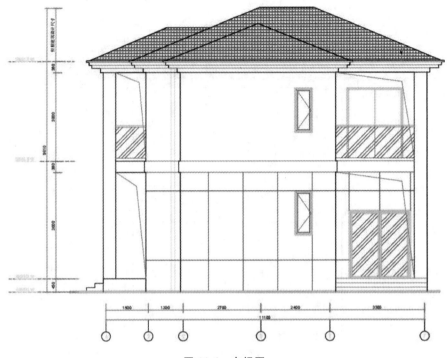

图 11-6　右视图

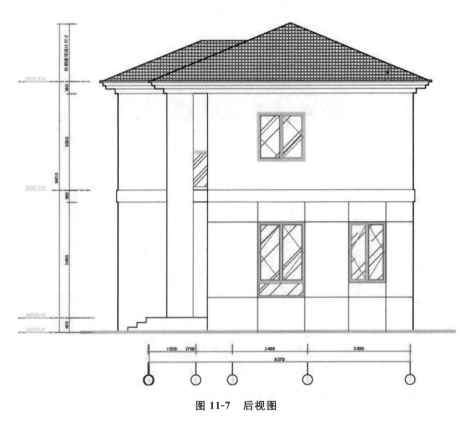

图 11-7　后视图

图 11-8 轴测图

(2)如果读者想了解更多关于轻钢结构深化设计的知识,可以关注灯塔好房子小程序。您可以将作品发给我们,让作品为更多爱好者服务。

大禾灯塔好房子小程序二维码

大禾速建小程序二维码

(3)读者如想直接下载户型,可登陆大禾速建小程序,里面有来自全国各地建房企业、设计单位的作品,还收录了"金鱼燕"奖的部分获奖作品。部分作品如图 11-9～图 11-15所示。

图 11-9　星宿系列效果图 1

图 11-10　星宿系列效果图 2

图 11-11　星宿系列效果图 3

图 11-12　现代风格系列效果图 1

图 11-13　现代风格系列效果图 2

图 11-14　XD-90C 效果图 1

图 11-15 XD-90C 效果图 2

参 考 文 献

[1] 中国建筑标准设计研究院.低层冷弯薄壁型钢房屋建筑技术规程JGJ 2017—2011[S].北京:中国建筑工业出版社,2011.

[2] 住房和城乡建设部住宅产业化促进中心.冷弯薄壁型钢多层住宅技术标准JGJ/T421—2018[S].北京:中国建筑工业出版社,2018.

[3] 吴鑫文,郭保生.装配式冷弯薄壁型钢建筑结构基础[M].武汉:华中科技大学出版社,2022.